MATHS

4^e

Pierre Jauffret
Professeur certifié
Collège Paul-Valéry, Valence

Agnès Vellay-Candiago
Professeur agrégée
Collège Benjamin-Malossane,
Saint-Jean-en-Royans

HATIER

Sommaire général

Activités numériques

1 Nombres relatifs : addition, soustraction 8
2 Nombres relatifs : multiplication et division 10
3 Écritures fractionnaires : simplifications, valeurs approchées .. 12
4 Écritures fractionnaires : addition et soustraction 14
5 Écritures fractionnaires : multiplication et division 16
6 Expressions littérales 18
7 Équations à une inconnue 20
8 Égalités de deux quotients. Résolution de problèmes 22
9 Puissances de 10 : définitions, propriétés 24
10 Puissances de 10 : écriture scientifique et ordre de grandeur .. 26
11 Puissance d'un nombre 28
12 Développement et réduction 30
13 Développement et suppression de parenthèses 32
14 Équations et problèmes 34
15 Ordre et opérations 36

Proportionnalité et statistiques

16 Proportionnalité : rappels 40
17 Proportionnalité : graphiques et pourcentages 42
18 Proportionnalité et vitesse 44
19 Fréquences et graphiques 46
20 Effectifs et fréquences cumulés 48
21 Moyenne et moyenne pondérée 50

ISBN 2-218-**73887**-2

Activités géométriques

22 Initiation à la démonstration 54
23 Droite des milieux 56
24 Triangles et parallèles 58
25 Médiatrice et cercle circonscrit 60
26 Hauteurs et bissectrices d'un triangle 62
27 Médianes d'un triangle 64
28 Triangle rectangle : cercle circonscrit 66
29 Théorème de Pythagore 68
30 Réciproque du théorème de Pythagore 70
31 Cosinus d'un angle aigu 72
32 Distance et tangente 74
33 Translation 76
34 Prismes droits et cylindres de révolution 78
35 Pyramides 80
36 Cônes 82
37 Volumes 84

Annexes

Bilans 86
Corrigés 96
Index 128

Création maquette : **Frédéric Jély**
Mise en page : **Fiat Lux**
Schémas : **Fiat Lux et Corédoc**

Mode d'emploi

Tout le programme

- Chaque séquence est traitée sur une **double page**

L'essentiel pour réviser le cours
et retenir les définitions, les théorèmes
et les formules indispensables

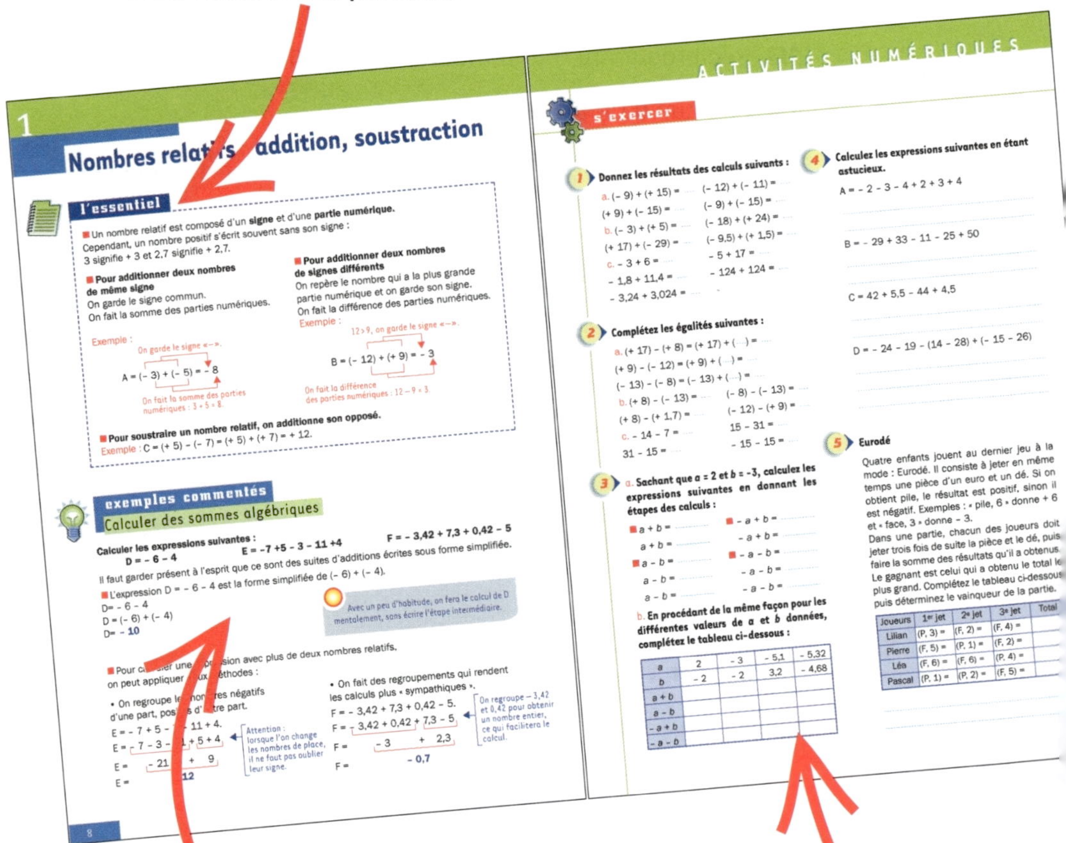

Des exemples commentés
pour comprendre les méthodes de résolution
et acquérir les bons reflexes

S'exercer
grâce à de nombreux exercices
de difficulté progressive

en 37 séquences

En fin d'ouvrage

Des bilans
pour évaluer ses connaissances

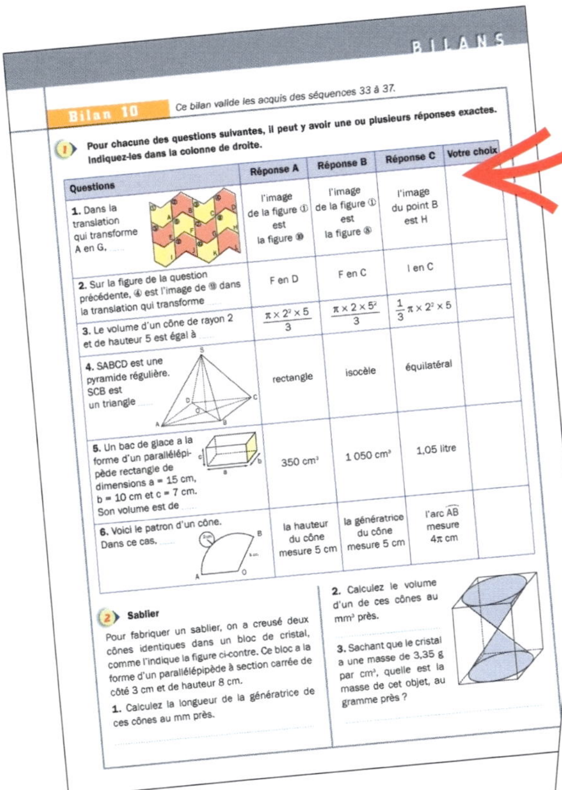

BILANS

Bilan 10 *Ce bilan valide les acquis des séquences 33 à 37.*

1 **Pour chacune des questions suivantes, il peut y avoir une ou plusieurs réponses exactes. Indiquez-les dans la colonne de droite.**

Questions	Réponse A	Réponse B	Réponse C	Votre choix
1. Dans la translation qui transforme A en G, …	l'image de la figure ① est la figure ⑨	l'image de la figure ① est la figure ⑤	l'image du point B est H	
2. Sur la figure de la question précédente, ④ est l'image de ⑨ dans la translation qui transforme …	F en D	F en C	I en C	
3. Le volume d'un cône de rayon 2 et de hauteur 5 est égal à …	$\frac{\pi \times 2^2 \times 5}{3}$	$\frac{\pi \times 2 \times 5^2}{3}$	$\frac{1}{3}\pi \times 2^2 \times 5$	
4. SABCD est une pyramide régulière. SCB est un triangle …	rectangle	isocèle	équilatéral	
5. Un bac de glace a la forme d'un parallélépipède rectangle de dimensions a = 15 cm, b = 10 cm et c = 7 cm. Son volume est de …	350 cm³	1 050 cm³	1,05 litre	
6. Voici le patron d'un cône. Dans ce cas, …	la hauteur du cône mesure 5 cm	la génératrice du cône mesure 5 cm	l'arc $\widehat{AB}$ mesure 4π cm	

2 **Sablier**

Pour fabriquer un sablier, on a creusé deux cônes identiques dans un bloc de cristal, comme l'indique la figure ci-contre. Ce bloc a la forme d'un parallélépipède à section carrée de côté 3 cm et de hauteur 8 cm.

1. Calculez la longueur de la génératrice de ces cônes au mm près.

2. Calculez le volume d'un de ces cônes au mm³ près.

3. Sachant que le cristal a une masse de 3,35 g par cm³, quelle est la masse de cet objet, au gramme près ?

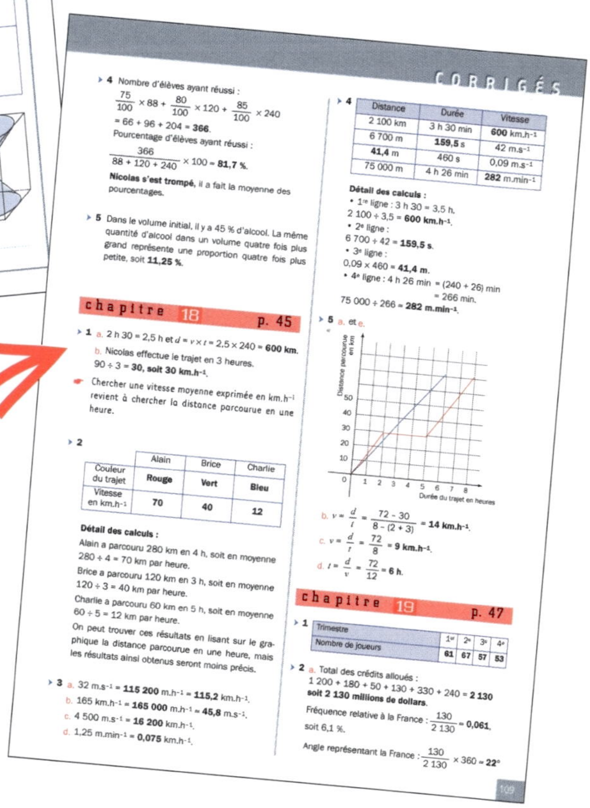

CORRIGÉS

4 Nombre d'élèves ayant réussi :
$\frac{75}{100} \times 88 + \frac{80}{100} \times 120 + \frac{85}{100} \times 240$
= 66 + 96 + 204 = **366**.
Pourcentage d'élèves ayant réussi :
$\frac{366}{88 + 120 + 240} \times 100 \approx$ **81,7 %**.
Nicolas s'est trompé, il a fait la moyenne des pourcentages.

5 Dans le volume initial, il y a 45 % d'alcool. La même quantité d'alcool dans un volume quatre fois plus grand représente une proportion quatre fois plus petite, soit **11,25 %**.

chapitre 18 p. 45

1 a. 2 h 30 = 2,5 h et $d = v \times t = 2{,}5 \times 240 =$ **600 km**.
b. Nicolas effectue le trajet en 3 heures.
90 ÷ 3 = **30, soit 30 km.h⁻¹**.

Chercher une vitesse moyenne exprimée en km.h⁻¹ revient à chercher la distance parcourue en une heure.

2

	Alain	Brice	Charlie
Couleur du trajet	Rouge	Vert	Bleu
Vitesse en km.h⁻¹	70	40	12

Détail des calculs :
Alain a parcouru 280 km en 4 h, soit en moyenne 280 ÷ 4 = 70 km par heure.
Brice a parcouru 120 km en 3 h, soit en moyenne 120 ÷ 3 = 40 km par heure.
Charlie a parcouru 60 km en 5 h, soit en moyenne 60 ÷ 5 = 12 km par heure.
On peut trouver ces résultats en lisant sur le graphique la distance parcourue en une heure, mais les résultats ainsi obtenus seront moins précis.

3 a. 32 m.s⁻¹ = **115 200** m.h⁻¹ = **115,2** km.h⁻¹.
b. 165 km.h⁻¹ = **165 000** m.h⁻¹ ≈ **45,8** m.s⁻¹.
c. 4 500 m.s⁻¹ = **16 200** km.h⁻¹.
d. 1,25 m.min⁻¹ = **0,075** km.h⁻¹.

4

Distance	Durée	Vitesse
2 100 km	3 h 30 min	**600** km.h⁻¹
6 700 m	**159,5** s	42 m.s⁻¹
41,4 m	460 s	0,09 m.s⁻¹
75 000 m	4 h 26 min	**282** m.min⁻¹

Détail des calculs :
• 1re ligne : 3 h 30 = 3,5 h.
2 100 ÷ 3,5 = **600 km.h⁻¹**.
• 2e ligne :
6 700 ÷ 42 ≈ **159,5 s**.
• 3e ligne :
0,09 × 460 = **41,4 m**.
• 4e ligne : 4 h 26 min = (240 + 26) min = 266 min.
75 000 ÷ 266 ≈ **282 m.min⁻¹**.

5 a. et e.

b. $v = \frac{d}{t} = \frac{72 - 30}{8 - (2 + 3)} =$ **14 km.h⁻¹**.
c. $v = \frac{d}{t} = \frac{72}{8} =$ **9 km.h⁻¹**.
d. $t = \frac{d}{v} = \frac{72}{12} =$ **6 h**.

chapitre 19 p. 47

1

Trimestre	1er	2e	3e	4e
Nombre de joueurs	61	67	57	53

2 a. Total des crédits alloués :
1 200 + 180 + 50 + 130 + 330 + 240 = **2 130**
soit 2 130 millions de dollars.
Fréquence relative à la France : $\frac{130}{2\,130} \approx$ **0,061**, soit 6,1 %.
Angle représentant la France : $\frac{130}{2\,130} \times 360 \approx$ **22°**

109

Des corrigés
très détaillés avec des explications simples
pour comprendre ses erreurs éventuelles

ACTIVITÉS NUMÉRIQUES

1 Nombres relatifs : addition, soustraction 8

2 Nombres relatifs : multiplication et division 10

3 Écritures fractionnaires : simplifications, valeurs approchées ... 12

4 Écritures fractionnaires : addition et soustraction 14

5 Écritures fractionnaires : multiplication et division 16

6 Expressions littérales 18

7 Équations à une inconnue 20

8 Égalités de deux quotients. Résolution de problèmes 22

9 Puissances de 10 : définitions, propriétés 24

10 Puissances de 10 : écriture scientifique et ordre de grandeur ... 26

11 Puissance d'un nombre 28

12 Développement et réduction 30

13 Développement et suppression de parenthèses 32

14 Équations et problèmes 34

15 Ordre et opérations 36

Solution de « Histoire » : Pour trouver les nombres de la 8ᵉ ligne, il faut additionner deux à deux les nombres de la ligne précédente.

On a donc sur la 8ᵉ ligne : 1 7 21 35 35 21 7 1
et $2^7 = 1 + 7 + 21 + 35 + 35 + 21 + 7 + 1 = 128$.

Solution de « Énigme » : $1\,000\,000\,000 = 10^9$;

donc $1\,000\,000\,000 \div 5^9 = 10^9 \div 5^9 = \left(\frac{10}{5}\right)^9 = \left(\frac{2 \times 5}{5}\right)^9 = 2^9$

$2^9 = 2 \times 2 \times 2 \times 2 \times 2 \times 2 \times 2 \times 2 \times 2 = 512$.

Solution de « Cuisine » : Il faut quatre couches, mais notre gâteau aura en réalité… 1 024 feuilles. En effet, $4 \times 2^8 = 2^{10} = 1\,024$.

Infos et découverte

Histoire

Le triangle de Pascal

Blaise Pascal (1623-1662), savant, philosophe et écrivain français, se livra tout jeune à des travaux scientifiques, notamment en mathématiques.
À 19 ans, il inventa une machine à calculer. Pour ses travaux, il utilisa la disposition de nombres connue sous le nom de **triangle de Pascal** (voir ci-dessous).

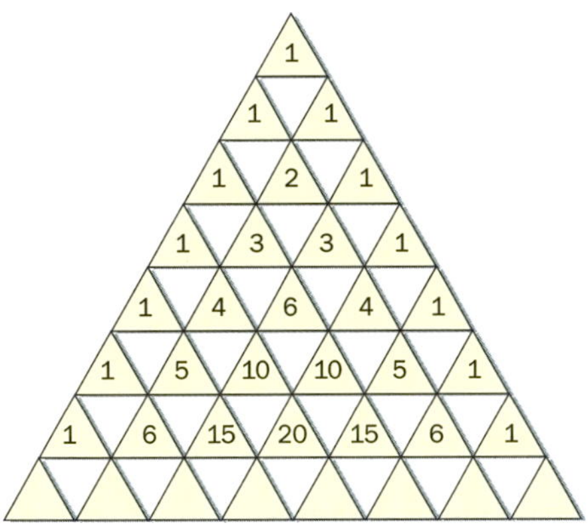

Ce triangle possède de nombreuses propriétés et applications dont la suivante : la somme des nombres de chaque ligne est une puissance de 2.

Par exemple, sur la 3e ligne, on a : $1 + 2 + 1 = 4 = 2^2$
et sur la 4e : $1 + 3 + 3 + 1 = 8 = 2^3$.
Amusez-vous à trouver les nombres de la 8e ligne en observant la logique de la construction de ce tableau, puis calculez ainsi 2^7.

ÉNIGME

**Sabrina dit à sa sœur Marie :
« Je suis sûre que, sans calculatrice, tu es incapable de diviser un milliard par le nombre 5^9 ».
Moins de trente secondes après, Marie, qui vient de travailler sur les puissances d'un nombre, lui répond :
« 512 ».
Comment a-t-elle fait ?**

Cuisine

Combien de feuilles a un mille-feuilles ?

Pour réaliser une pâte feuilletée, on a besoin de trois ingrédients : 200 g de farine, 1 dL d'eau et 150 g de beurre.

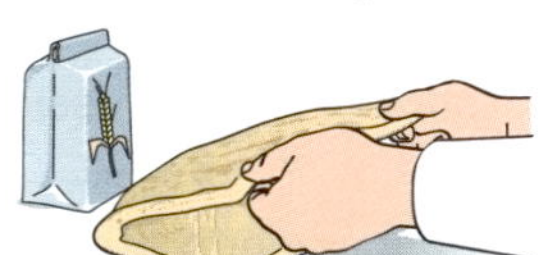

La recette est simple. Il faut commencer par faire une pâte homogène avec la farine, l'eau et le beurre. On étale alors la pâte en un rectangle puis on la plie en deux et on fait un quart de tour. On recommence l'opération à sept reprises.
Combien de couches de cette pâte faut-il pour faire un mille-feuilles ?

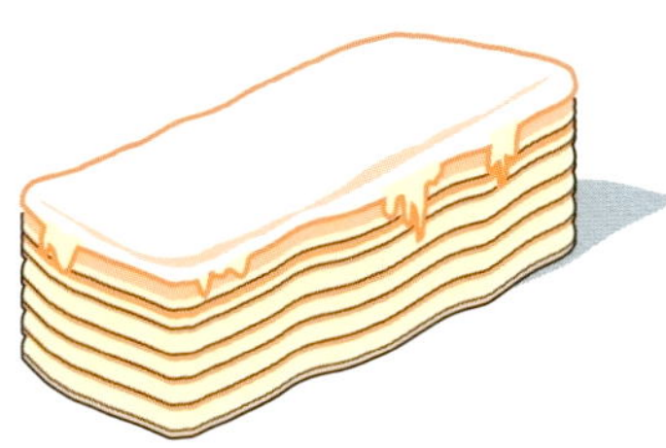

Nombres relatifs : addition, soustraction

l'essentiel

■ Un nombre relatif est composé d'un **signe** et d'une **partie numérique.**
Cependant, un nombre positif s'écrit souvent sans son signe :
3 signifie + 3 et 2,7 signifie + 2,7.

■ **Pour additionner deux nombres de même signe**
On garde le signe commun.
On fait la somme des parties numériques.

Exemple :

On garde le signe «–».

A = (– 3) + (– 5) = – 8

On fait la somme des parties numériques : 3 + 5 = 8.

■ **Pour additionner deux nombres de signes différents**
On repère le nombre qui a la plus grande partie numérique et on garde son signe.
On fait la différence des parties numériques.

Exemple :

12 > 9, on garde le signe «–».

B = (– 12) + (+ 9) = – 3

On fait la différence des parties numériques : 12 – 9 = 3.

■ **Pour soustraire un nombre relatif, on additionne son opposé.**
Exemple : C = (+ 5) – (– 7) = (+ 5) + (+ 7) = + 12.

exemples commentés

Calculer des sommes algébriques

Calculer les expressions suivantes :

D = – 6 – 4　　**E = –7 +5 – 3 – 11 +4**　　**F = – 3,42 + 7,3 + 0,42 – 5**

Il faut garder présent à l'esprit que ce sont des suites d'additions écrites sous forme simplifiée.

■ L'expression D = – 6 – 4 est la forme simplifiée de (– 6) + (– 4).
D= – 6 – 4
D = (– 6) + (– 4)
D= **– 10**

Avec un peu d'habitude, on fera le calcul de D mentalement, sans écrire l'étape intermédiaire.

■ Pour calculer une expression avec plus de deux nombres relatifs, on peut appliquer deux méthodes :

• On regroupe les nombres négatifs d'une part, positifs d'autre part.

E = – 7 + 5 – 3 – 11 + 4.
E = – 7 – 3 – 11 + 5 + 4
E = – 21 + 9
E = **– 12**

Attention : lorsque l'on change les nombres de place, il ne faut pas oublier leur signe.

• On fait des regroupements qui rendent les calculs plus « sympathiques ».

F = – 3,42 + 7,3 + 0,42 – 5.
F = – 3,42 + 0,42 + 7,3 – 5
F = – 3 + 2,3
F = **– 0,7**

On regroupe – 3,42 et 0,42 pour obtenir un nombre entier, ce qui facilitera le calcul.

s'exercer

1 **Donnez les résultats des calculs suivants :**

a. (– 9) + (+ 15) = ... (– 12) + (– 11) = ...

(+ 9) + (– 15) = ... (– 9) + (– 15) = ...

b. (– 3) + (+ 5) = ... (– 18) + (+ 24) = ...

(+ 17) + (– 29) = ... (– 9,5) + (+ 1,5) = ...

c. – 3 + 6 = ... – 5 + 17 = ...

– 1,8 + 11,4 = ... – 124 + 124 = ...

– 3,24 + 3,024 = ...

2 **Complétez les égalités suivantes :**

a. (+ 17) – (+ 8) = (+ 17) + (....) = ...

(+ 9) – (– 12) = (+ 9) + (....) = ...

(– 13) – (– 8) = (– 13) + (....) = ...

b. (+ 8) – (– 13) = ... (– 8) – (– 13) = ...

(+ 8) – (+ 1,7) = ... (– 12) – (+ 9) = ...

c. – 14 – 7 = ... 15 – 31 = ...

31 – 15 = ... – 15 – 15 = ...

3 a. **Sachant que *a* = 2 et *b* = -3, calculez les expressions suivantes en donnant les étapes des calculs :**

- $a + b$ = ...
  $a + b$ = ...
- $-a + b$ = ...
  $-a + b$ = ...
- $a - b$ = ...
  $a - b$ = ...
  $a - b$ = ...
- $-a - b$ = ...
  $-a - b$ = ...
  $-a - b$ = ...

b. **En procédant de la même façon pour les différentes valeurs de *a* et *b* données, complétez le tableau ci-dessous :**

a	2	– 3	– 5,1	– 5,32
b	– 2	– 2	3,2	– 4,68
$a + b$				
$a - b$				
$-a + b$				
$-a - b$				

4 **Calculez les expressions suivantes en étant astucieux.**

A = – 2 – 3 – 4 + 2 + 3 + 4

B = – 29 + 33 – 11 – 25 + 50

C = 42 + 5,5 – 44 + 4,5

D = – 24 – 19 – (14 – 28) + (– 15 – 26)

5 **Eurodé**

Quatre enfants jouent au dernier jeu à la mode : Eurodé. Il consiste à jeter en même temps une pièce d'un euro et un dé. Si on obtient pile, le résultat est positif, sinon il est négatif. Exemples : « pile, 6 » donne + 6 et « face, 3 » donne – 3.
Dans une partie, chacun des joueurs doit jeter trois fois de suite la pièce et le dé, puis faire la somme des résultats qu'il a obtenus. Le gagnant est celui qui a obtenu le total le plus grand. Complétez le tableau ci-dessous puis déterminez le vainqueur de la partie.

Joueurs	1er jet	2e jet	3e jet	Total
Lilian	(P, 3) =	(F, 2) =	(F, 4) =	
Pierre	(F, 5) =	(P, 1) =	(F, 2) =	
Léa	(F, 6) =	(F, 6) =	(P, 4) =	
Pascal	(P, 1) =	(P, 2) =	(F, 5) =	

Nombres relatifs : multiplication et division

l'essentiel

Multiplication de deux nombres relatifs

• Le produit de deux nombres de même signe est positif.

Exemple : $A = (-10) \times (-5) = +50$

• Le produit de deux nombres de signes différents est négatif.

Exemple : $B = (+18) \times (-6) = -108$

Inverse d'un nombre relatif

Deux nombres relatifs inverses l'un de l'autre sont deux nombres dont le produit est égal à 1.

L'inverse de x se note $\frac{1}{x}$ ou x^{-1}. Exemple : l'inverse de 3 est $\frac{1}{3}$ ou 3^{-1}.

Division par un nombre relatif

Diviser par un nombre x non nul revient à multiplier par son inverse.

Le quotient de deux nombres de même signe est positif. Exemple : $C = \frac{-10}{-5} = +2$

Le quotient de deux nombres de signes différents est négatif. Exemple : $D = \frac{18}{-6} = -3$

Le signe du quotient de *a* par *b* est donc le même que celui du produit de *a* par *b*.

exemples commentés

Multiplier et diviser par un nombre relatif

Utiliser les inverses des nombres 0,2 et –0,25 pour calculer les expressions suivantes :

1. E = – 25 ÷ 0,2

L'inverse de 0,2 est 5 car $1 \div 0{,}2 = 5$.

Donc $E = -25 \div 0{,}2$

$E = -25 \times 5$

$E = \mathbf{-125}$

2. F = – 21 ÷ (– 0,25)

L'inverse de – 0,25 est – 4 car $1 \div (-0{,}25) = -4$.

Donc $F = -21 \div (-0{,}25)$

$F = -21 \times (-4)$

$F = \mathbf{84}$

Utiliser les priorités opératoires

Calculer l'expression suivante : $\mathbf{G = 15 + (-36) \div (4 \times 5 - 2)}$.

On commence par le calcul entre parenthèses en effectuant d'abord la multiplication, puis la soustraction.

$G = 15 + (-36) \div (4 \times 5 - 2)$

$G = 15 + (-36) \div (20 - 2)$

On effectue la division, opération prioritaire, puis l'addition.

$G = 15 + (-36) \div 18$

$G = 15 + (-2)$

$G = \mathbf{13}$

La multiplication et la division sont **prioritaires** sur l'addition et la soustraction.

s'exercer

1 **Effectuez mentalement les calculs suivants :**

$(-3) \times (-2) =$ ……… $7 \times (-9) =$ ………

$(-2) \times (-3) \times (-5) \times 6 =$ ………

$(-2) \times (-100) \times (-0{,}5) \times 0{,}01 =$ ………

$\frac{-9}{-3} =$ ……… $\frac{56}{-7} =$ ……… $\frac{-7{,}5}{2{,}5} =$ ………

2 a. **Sachant que inv(x) signifie « inverse du nombre x », complétez les égalités suivantes :**

inv($-0{,}01$) = ……… inv($-0{,}25$) = ………

inv($0{,}125$) = ……… inv($0{,}05$) = ………

b. **En utilisant les résultats de la question précédente, calculez mentalement :**

$7 \div (-0{,}01) =$ ……… $-7 \div (-0{,}25) =$ ………

$-8 \div (0{,}125) =$ ……… $-42 \div (0{,}05) =$ ………

3 a. **Calculez les expressions suivantes, en écrivant les étapes des calculs :**

$A = -3 \times 2 + (-5) \times (-2)$

A = ………

A = ………

$B = -8 \times 5 - 5 + 9 \div (-3) + 6$

B = ………

B = ………

B = ………

$C = (-1) \times (-1) \times (-1) \times (-1) \times (-1) \times (-1)$

C = ………

C = ………

C = ………

b. **Vérifiez les résultats trouvés avec votre calculatrice.**

4 a. **Calculez les expressions suivantes en écrivant les étapes des calculs :**

$D = \frac{7 \times (-5)}{-3+8} =$ ………

………

$E = \frac{-8+2}{6 \div (-2)} =$ ………

………

$F = \frac{7 \times (-5) + 5}{9 - (-12) \div (-4)} =$ ………

………

b. **Vérifiez les résultats trouvés avec votre calculatrice.**

Attention, il ne faut pas oublier qu'un trait de fraction joue le rôle d'une parenthèse : par exemple, calculer $\frac{4}{-2-6}$ revient à calculer $4 \div (-2-6)$.

5 **Complétez le tableau suivant :**

a	b	c	$b \div c$	$a \times b$	$a \times c$	$(a \times b) \div (a \times c)$
− 3	12	− 4				
5	− 5	− 0,01				
0,25		− 2	− 5,5			
− 0,8		3		7,2		

Que remarquez-vous ? Expliquez. ………

………

Écritures fractionnaires : simplifications, valeurs approchées

l'essentiel

Soient deux nombres relatifs a et b ($b \neq 0$).

Définitions

- q est le **quotient** de a par b si $a = b \times q$. Il peut s'écrire $\boldsymbol{a \div b}$ ou $\boldsymbol{\frac{a}{b}}$.

$\frac{a}{b}$ est l'écriture fractionnaire. Si a et b sont des entiers, l'écriture $\frac{a}{b}$ s'appelle une fraction.

- Si la division de a par b « se termine », elle donne l'écriture décimale du quotient.

Exemple : $A = \frac{-8}{5} = -8 \div 5 = -1{,}6$. $-1{,}6$ est l'écriture décimale de A.

- Si la division de a par b « ne se termine pas », on obtient des valeurs approchées du quotient.

Exemple : $B = \frac{2}{3} = 0{,}66666... \approx 0{,}666$. $0{,}666$ est une valeur approchée du quotient.

La division ne se termine pas, B n'a pas d'écriture décimale.

Propriétés

Si $k \neq 0$, $\frac{a}{b} = \frac{a \times k}{b \times k}$

$\frac{-a}{b} = \frac{a}{-b} = -\frac{a}{b}$

$\frac{-a}{-b} = \frac{a}{b}$

exemples commentés

Simplifier une écriture fractionnaire

Écrire $C = \frac{-0{,}27}{0{,}3}$ sous la forme d'une fraction la plus simple possible.

Il faut commencer par transformer cette écriture fractionnaire en une fraction (quotient de deux nombres entiers).

On multiplie par 100 le numérateur et le dénominateur pour obtenir des entiers.

$$C = \frac{-0{,}27}{0{,}3} = \frac{-0{,}27 \times 100}{0{,}3 \times 100} = \frac{-27}{30} = \frac{-9 \times 3}{10 \times 3} = \boldsymbol{\frac{-9}{10}}.$$

On simplifie la fraction par 3.

Trouver les valeurs approchées d'un quotient

Compléter le tableau suivant :

Pour trouver l'arrondi au centième, on regarde si le chiffre des millièmes est « inférieur à 5 » ou bien « supérieur ou égal à 5 ».

Quotient	Affichage calculatrice avec 5 décimales	Valeur approchée par défaut au centième	Valeur approchée par excès au centième	Arrondi au centième
$D = \frac{17}{52}$	0,32 **6**92	0,32	0,33	0,33
$F = \frac{47}{11}$	4,27 **2**72	4,27	4,28	4,27

Le chiffre des millièmes est supérieur à 5, donc D est plus près de 0,33 que de 0,32 : l'arrondi est 0,33.

Ici le chiffre des millièmes est inférieur à 5 donc F est plus près de 4,27 que de 4,28 : l'arrondi est 4,27.

Rappel : On trouve une valeur approchée au centième par excès en ajoutant un centième à la valeur approchée par défaut.

s'exercer

1 **Donnez l'écriture décimale des quotients suivants lorsqu'elle existe :**

$\frac{55}{8} =$ ......

$\frac{-7}{25} =$ ......

$\frac{-66}{10\,000} =$ ......

$\frac{53}{42} =$ ......

$\frac{-495}{-99} =$ ......

2 **Écrivez chaque quotient sous la forme d'une fraction la plus simple possible :**

$\frac{-121}{-77} =$ ......

$\frac{0,5}{4,5} =$ ......

$\frac{0,72}{-6,4} =$ ......

$\frac{-3,5}{14} =$ ......

3 **Simplifiez les écritures fractionnaires suivantes :**

$\frac{4 \times (-7)}{21 \times (-2)} =$ ......

$\frac{48 \times (-1) \times (-22)}{(-8) \times 33} =$ ......

4 **Erreurs de calcul**

Un élève a fait deux erreurs en simplifiant $\frac{54}{-324}$ de la façon suivante :

$$\frac{54}{-324} = -\frac{18 \times 3}{108 \times 3} = \frac{10+8}{100+8} = \frac{10}{100} = \frac{1}{10}.$$

a. Quelles erreurs a-t-il commises ?

......

b. Faites la simplification correctement :

......

5 **Calculatrice :**

a. Utilisez votre calculatrice pour donner l'arrondi à 0,001 près (au millième) des expressions suivantes.

On note inv(x) l'inverse de x :

$\frac{24}{69} \approx$ ......

inv (– 17) ≈ ......

inv (– 0,13) ≈ ......

$\frac{-1}{-9+2} \approx$ ......

b. Calculez à 0,000 001 près (au millionième) une valeur approchée du nombre $\frac{355}{113}$ et dites à quel nombre il vous fait penser : ......

6 **Complétez le tableau suivant :**

Quotients	Affichage calculatrice avec 5 décimales	Valeur approchée par défaut à l'unité	Valeur approchée par excès à l'unité	Arrondi à l'unité	Valeur approchée par défaut au millième	Valeur approchée par excès au millième	Arrondi au millième
$\frac{56}{17}$							
$\frac{267}{123}$							

Écritures fractionnaires : addition et soustraction

l'essentiel

Addition de deux nombres en écriture fractionnaire

• Si les deux nombres ont le même dénominateur, on additionne les numérateurs et on conserve le dénominateur commun.

$$\frac{a}{c}+\frac{b}{c}=\frac{a+b}{c}$$

Exemple : $A=\frac{-2}{15}+\frac{9}{15}=\frac{-2+9}{15}=\frac{7}{15}$

• Si les deux nombres ont des dénominateurs différents, on les écrit avec le même dénominateur puis on applique la règle précédente.

Soustraction de deux nombres en écriture fractionnaire

Pour soustraire un nombre, on ajoute son opposé.

$$\frac{a}{c}-\frac{b}{c}=\frac{a}{c}+\left(\frac{-b}{c}\right)=\frac{a-b}{c}$$

Exemple : $B=\frac{3}{7}-\left(\frac{-5}{7}\right)=\frac{3-(-5)}{7}=\frac{8}{7}$

exemples commentés

Additionner et soustraire des nombres en écriture fractionnaire

Calculer les expressions suivantes :

$\mathbf{C=\frac{-7}{3}+\left(\frac{-5}{12}\right)}$

$C=\frac{-7\times4}{3\times4}+\left(\frac{-5}{12}\right)$ ← On réduit les deux fractions au même dénominateur (12) en multipliant le numérateur et le dénominateur de $\frac{-7}{3}$ par 4.

$C=\frac{-28-5}{12}$

$C=\mathbf{\frac{-33}{12}}$

$\mathbf{D=4-\frac{7}{8}}$

$D=\frac{4\times8}{1\times8}-\frac{7}{8}$ ← On utilise le fait que 4 peut s'écrire sous la forme $\frac{4}{1}$ et on réduit les deux fractions au même dénominateur.

$D=\frac{32-7}{8}$

$D=\mathbf{\frac{25}{8}}$

$\mathbf{E=\frac{3}{22}+\frac{4}{55}}$

$E=\frac{3}{2\times11}+\frac{4}{5\times11}$ ← On écrit 22 et 55 sous la forme de produits de nombres « simples ».

$E=\frac{3\times5}{2\times11\times5}+\frac{4\times2}{5\times11\times2}$

$E=\frac{15}{110}+\frac{8}{110}$ ← Le dénominateur commun doit être à la fois un multiple de 2×11 et de 5×11. On choisit le multiple le plus simple : $2\times5\times11=110$.

$E=\mathbf{\frac{23}{110}}$

$\mathbf{F=\frac{2{,}7}{3{,}6}-\frac{11}{45}}$

$F=\frac{27}{36}-\frac{11}{45}$ ← On écrit $\frac{2{,}7}{3{,}6}$ sous la forme d'une fraction en multipliant numérateur et dénominateur par 10.

$F=\frac{27}{4\times9}-\frac{11}{5\times9}$

$F=\frac{27\times5}{4\times9\times5}-\frac{11\times4}{5\times9\times4}$

$F=\frac{135}{180}-\frac{44}{180}$ ← On prend $4\times9\times5=180$ comme dénominateur commun.

$F=\mathbf{\frac{91}{180}}$

s'exercer

1 **On donne $a = \frac{7}{24}$ et $b = \frac{9}{20}$.**

a. Réduisez a et b au même dénominateur :

b. Calculez $a + b$:

c. Calculez $a - b$:

d. Comparez a et b :

2 **Effectuez les opérations suivantes et simplifiez le résultat obtenu :**

$F = \frac{5}{8} + \frac{-5}{16}$

$G = \frac{-3}{2} - \frac{8}{7}$

$H = \frac{5}{12} + \frac{7}{-18}$

$I = -9 + \frac{7}{6}$

$J = \frac{3{,}9}{1{,}4} + \frac{1}{0{,}21}$

$K = \frac{1}{2} - \frac{1}{3} + \frac{1}{4}$

$L = -\frac{8}{5} + \frac{7}{4} + \frac{-3}{10}$

3 **Complétez le tableau suivant :**

	$a + b$	$a - b$	$7 - a - b$
$a = \frac{2}{3}$ et $b = \frac{-5}{9}$			
$a = \frac{8}{15}$ et $b = \frac{9}{25}$			
$a = -4$ et $b = \frac{-7}{6}$			

4 **Complétez chaque rectangle par une fraction qui convient :**

a. $\square - \frac{11}{7} = \frac{2}{21}$

b. $\square + 4 = \frac{17}{3}$

c. $\frac{-63}{35} + \square = -3$

d. $\frac{-9}{5} - \square = 0$

5 **Arts plastiques**

Les dépenses d'un club d'arts plastiques sont réparties de la manière suivante : les $\frac{13}{21}$ sont dues à la section peinture, les $\frac{5}{14}$, à la section poterie et le reste, à la section sculpture.

Quelle fraction des dépenses totales représentent celles de la section sculpture ?

6 **Carré magique**

Dans ce carré magique, la somme des nombres de chaque ligne, de chaque colonne ou de chaque diagonale est la même. Complétez ce carré avec des fractions qui conviennent.

$\frac{5}{2}$		2
	$\frac{5}{3}$	
		$\frac{5}{6}$

Écritures fractionnaires : multiplication et division

l'essentiel

Multiplication de deux nombres en écriture fractionnaire

On multiplie les numérateurs entre eux et les dénominateurs entre eux : si $b \neq 0$ et $d \neq 0$,

$$\frac{a}{b} \times \frac{c}{d} = \frac{a \times c}{b \times d}$$

Exemple : $\frac{11}{-4} \times \frac{-3}{-7} = \frac{11 \times (-3)}{-4 \times (-7)} = \frac{-33}{28}$

Division par un nombre en écriture fractionnaire

On multiplie par l'inverse du nombre. En particulier, si $b \neq 0$, $d \neq 0$, $c \neq 0$,

$$\frac{a}{b} \div \frac{c}{d} = \frac{a}{b} \times \frac{d}{c}$$

Exemple : $\frac{4}{5} \div \frac{5}{9} = \frac{4}{5} \times \frac{9}{5} = \frac{36}{25}$

exemples commentés

Multiplier et diviser des nombres en écriture fractionnaire

1. Calculer $A = -\frac{26}{27} \times \frac{45}{13}$.

On utilise la formule, mais il est recommandé de simplifier au maximum avant de calculer le produit, afin d'alléger les calculs.

$$A = -\frac{26}{27} \times \frac{45}{13} = -\frac{2 \times 13 \times 9 \times 5}{3 \times 9 \times 13} = -\frac{2 \times 5}{3} = \mathbf{\frac{-10}{3}}.$$

$\frac{4}{5} \div \frac{5}{9}$ peut s'écrire aussi $\dfrac{\frac{4}{5}}{\frac{5}{9}}$.

2. Calculer $B = \dfrac{7}{\frac{-2}{35}}$ et $C = \dfrac{\frac{7}{-2}}{35}$.

B est le quotient d'un entier par une fraction et C, celui d'une fraction par un entier.
La position du signe « = » permet de les différencier.

$$B = \dfrac{7}{\frac{-2}{35}} = 7 \times \frac{-35}{2} = \mathbf{\frac{-245}{2}}.$$

$$C = \dfrac{\frac{7}{-2}}{35} = \frac{7}{-2} \times \frac{1}{35} = \frac{-7 \times 1}{2 \times 5 \times 7} = \mathbf{\frac{-1}{10}}.$$

Effectuer une suite de calculs

Calculer l'expression suivante : $D = \frac{12}{5} + \frac{-7}{5} \times \frac{9}{28}$

La multiplication a priorité sur l'addition, donc on effectue d'abord le produit en le simplifiant au maximum. → $D = \frac{12}{5} + \frac{-7 \times 9}{5 \times 4 \times 7}$

Ensuite, on réduit au même dénominateur. → $D = \frac{12 \times 4}{5 \times 4} + \frac{-9}{5 \times 4}$

$$D = \frac{48 - 9}{20} = \mathbf{\frac{39}{20}}.$$

Pour des calculs un peu longs, il est conseillé de les écrire en colonne.

s'exercer

1 **Complétez le tableau suivant :**

a	$-\frac{3}{7}$	$\frac{4}{5}$	-7	$\frac{1}{9}$	$\frac{-2}{-7}$
Opposé de a					
Inverse de a					

2 **Effectuez les calculs suivants et donnez le résultat sous forme de fraction simplifiée.**

$A = \frac{-4}{15} \times \frac{2}{-3}$ $B = \frac{3}{5} \times \frac{-7}{5}$

$C = 36 \times \frac{-5}{-18} \times \frac{11}{-35}$ $D = \frac{-2}{9} \div \frac{6}{5}$

$E = \frac{\frac{9}{-7}}{\frac{12}{49}}$ $F = \frac{8}{\frac{-3}{2}}$

$G = \frac{\frac{8}{-3}}{2}$ $H = \frac{4 + \frac{5}{3}}{4 - \frac{5}{3}}$

$I = -\frac{8}{5} + \frac{7}{-4} \times \frac{-8}{15}$

3 **Dans les égalités suivantes, les symboles +, –, × ou ÷ ont été remplacés par une case vide. Retrouvez les bonnes opérations.**

a. $\frac{-1}{10} \square \frac{13}{5} = \frac{5}{2}$ b. $\frac{-3}{8} \square \frac{9}{-24} = 0$

c. $\frac{-7}{4} \square \frac{4}{7} = -1$ d. $\frac{9}{4} \square \frac{5}{12} = \frac{15}{16}$

e. $\frac{3}{5} \square \frac{-5}{3} = \frac{-9}{25}$

4 **Mariage**

Karine a acheté 4,5 kg de dragées pour son mariage à mettre en sachets de $\frac{1}{12}$ kg.

a. Entourez, parmi les calculs suivants, ceux qui permettent de calculer le nombre de sachets remplis.

$4{,}5 \div \frac{1}{12}$ $4{,}5 \times \frac{1}{12}$ $\frac{4{,}5}{\frac{1}{12}}$

b. 50 sachets suffiront-ils ?

5 **Soient quatre nombres relatifs, a, b, c, d, tels que $a = -\frac{7}{3}$, $b = 5$, $c = -14$ et $d = 2$. Calculez les expressions suivantes :**

$A = a + b + \frac{c}{3}$ $B = 2 \times a - \frac{b}{c}$

$C = \frac{d}{b} \times \frac{c}{b}$ $D = \frac{1}{a} - \frac{1}{b} - \frac{1}{c}$

6 **Collection**

Un numismate donne les $\frac{7}{12}$ de sa collection de pièces à sa fille, puis il vend les $\frac{3}{5}$ du reste .

a. Quelle fraction de sa collection a-t-il vendue ?

b. De quelle fraction de sa collection s'est-il finalement séparé ?

c. Sachant qu'il a donné 119 pièces à sa fille, combien en a-t-il vendu ?

6

Expressions littérales

l'essentiel

Définition

Une expression littérale est une expression mathématique qui contient des lettres.

Exemple : Pour donner la formule générale du périmètre P d'un carré, on appelle a la longueur de son côté et on écrit $P = 4 \times a$.

$4 \times a$ est une expression littérale qui exprime le périmètre du carré « en fonction de a ».

Simplification des écritures littérales

Pour simplifier les écritures littérales, il est utile de connaître les conventions suivantes :

$a \times b = ab$ | $3 \times a = 3a$ | $a \times a = a^2$ | $(-1) \times a = -a$

Multiplier un nombre par −1 revient à prendre son opposé.

exemples commentés

Écrire une expression littérale

On donne DC = 7 et AD = x.

Exprimer l'aire A et le périmètre P du rectangle ABCD en fonction de x.

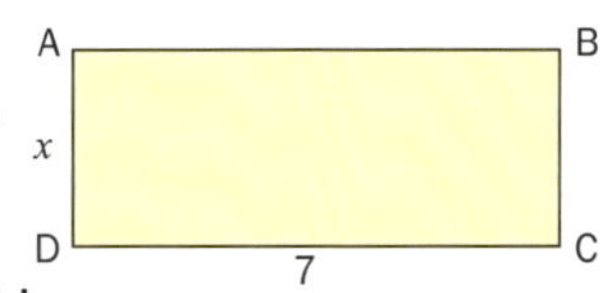

• On sait que l'aire d'un rectangle est égale au produit de la longueur par la largeur. Donc $A = \mathbf{7 \times x}$.

• On sait que le périmètre d'un rectangle est égal à la somme suivante : « deux fois la longueur plus deux fois la largeur », donc $P = 2 \times x + 2 \times 7 = \mathbf{2x + 14}$.

Simplifier une expression littérale

Simplifiez les expressions suivantes : $A = -3a \times 5b$ $B = -a \times (-b)$ $C = 2a \times (-5a)$.

On récrit les signes × sous-entendus, puis on effectue le produit des nombres d'une part et le produit des lettres d'autre part.

$\mathbf{A = -3a \times 5b}$	$\mathbf{B = -a \times (-b)}$	$\mathbf{C = 2a \times (-5a)}$
$A = -3 \times a \times 5 \times b$	$B = (-1) \times a \times (-1) \times b$	$C = 2 \times a \times (-5) \times a$
$A = -3 \times 5 \times a \times b$	$B = (-1) \times (-1) \times a \times b$	$C = 2 \times (-5) \times a \times a$
$A = -15 \times ab$	$B = 1 \times ab$	$C = -10 \times a^2$
$A = \mathbf{-15\ ab}$	$B = \mathbf{ab}$	$C = \mathbf{-10\ a^2}$

Avec un peu d'habitude, on fera mentalement les étapes intermédiaires.

Calculer une expression littérale pour des valeurs numériques données

Calculez $D = 3a - bc$ pour $a = -1$, $b = -10$ et $c = 3$.

On remplace a, b et c par les valeurs données dans l'énoncé sans oublier :
- de récrire le signe × entre les nombres ;
- d'écrire les parenthèses pour les nombres négatifs ;
- de penser aux priorités des opérations.

$D = 3a - bc$

$D = 3 \times (-1) - (-10) \times 3$

$D = -3 + 30$

$D = \mathbf{27}$

s'exercer

1 **Exprimez, sous la forme la plus simple possible, les expressions suivantes en fonction de x.**

a. Le double du triple de x.

b. La somme du quart de x et de 5.

c. Le produit du double de x par la moitié de x.

2 **Aire d'un rectangle**

a. On appelle *a* la longueur d'un rectangle et *b* sa largeur. Exprimez l'aire A de ce rectangle en fonction de *a* et *b* :

b. On multiplie sa longueur par 2 et sa largeur par 3.

Exprimez l'aire A' du rectangle obtenu en fonction de *a* et *b* :

Exprimez l'aire A' du rectangle obtenu en fonction de A :

Par combien l'aire a-t-elle été multipliée ?

3 **Simplifiez les expressions suivantes :**

$A = -3 \times a \times b$

A =

A =

$B = 5a \times 4b$

B =

B =

$C = (-4x) \times (-4y)$

C =

C =

$D = (3x) \times 5x$

D =

D =

$E = 3a \times 4b + 2a \times a$

E =

E =

4 **Mesures d'angles**

A, B et D sont trois points alignés dans cet ordre. ABC est un triangle isocèle en C. La demi-droite [BE) est perpendiculaire à la droite (BD) et la demi-droite [By) est la bissectrice de l'angle $\widehat{CBE}$. On appelle x la mesure de l'angle $\widehat{ABC}$.

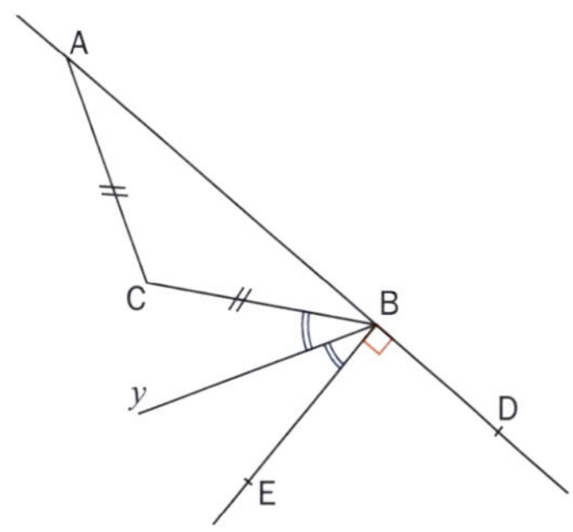

Exprimez en fonction de x :

a. la mesure de l'angle $\widehat{BCA}$.

b. la mesure de l'angle $\widehat{Cby}$.

5 **Cueillette**

Marie, Paul et Jean ont ramassé des cerises. La cueillette de Jean s'élève à x kg.
Paul a ramassé les $\frac{4}{5}$ de ce que Jean a ramassé et Marie a cueilli 15 kg de moins que Jean.

a. Exprimez en fonction de x :

- la quantité P, ramassée par Paul.
- la quantité M, ramassée par Marie.
- la quantité totale T ramassée.

b. Calculez le poids total R de la récolte, sachant que Jean a ramassé 40 kg.

7

Équations à une inconnue

l'essentiel

Définition

Une équation à une inconnue est une égalité dans laquelle un nombre est inconnu. Ce nombre est représenté par une lettre. Exemple : 3 + 8 = 11 est une égalité mais $2 + 5x = 17$ est une **équation.**

Résolution d'une équation à une inconnue

• Résoudre une équation à une inconnue x, c'est trouver toutes les valeurs que l'on peut donner à x pour rendre l'égalité vraie.

• Si on additionne (ou soustrait) un même nombre aux deux membres d'une équation, on obtient une nouvelle équation qui a les mêmes solutions.

• Si on multiplie (ou divise) les deux membres d'une équation par un même nombre non nul, on obtient une nouvelle équation qui a les mêmes solutions.

exemples commentés

Résoudre une équation à une inconnue

N'hésitez pas à vérifier le résultat, en remplaçant x par la ou les solutions obtenues, afin de voir si l'égalité est bien vérifiée.

Résoudre les équations suivantes :

A : $x + 13 = 4$ **B :** $3x = 7$ **C :** $-1 - x = -3$ **D :** $\frac{x}{7} = -2$

Résolution de A

$$x + 13 = 4$$

On soustrait 13 aux deux membres pour ne garder que l'inconnue à gauche du signe « = ».

$$x + 13 - 13 = 4 - 13$$

$$x = -9$$

On obtient ainsi la valeur de x. → La solution de l'équation est **– 9**.

Résolution de B

$$3x = 7$$

On divise les deux membres par 3.

$$\frac{3x}{3} = \frac{7}{3}$$

$$x = \frac{7}{3}$$

La solution de l'équation est $\frac{7}{3}$.

La solution doit être donnée sous la forme d'une valeur exacte. Par conséquent, on ne doit pas remplacer $\frac{7}{3}$ par 2,33 ou 2,333 car ce sont des valeurs approchées.

Résolution de C

$$-1 - x = -3$$

On ajoute 1 aux deux membres pour isoler l'inconnue.

$$-1 - x + 1 = -3 + 1$$

$$-x = -2$$

On multiplie par – 1 les deux membres de l'égalité pour faire apparaître x.

$$(-x) \times (-1) = (-2) \times (-1)$$

$$x = 2$$

La solution de l'équation est **2**.

Résolution de D

$$\frac{x}{7} = -2$$

On multiplie par 7 les deux membres de l'équation.

$$\frac{x}{7} \times 7 = -2 \times 7$$

$$x = -14$$

La solution de cette équation est **– 14.**

s'exercer

1 **Yvan a résolu des équations mais a commis quelques erreurs. Complétez par vrai ou faux puis corrigez ses erreurs.**

Équations	Solutions d'Yvan	Vrai / faux	Corrections
$x - 3 = -7$	$x - 3 + 3 = -7 + 3$ donc $x = -4$		
$\frac{x}{5} = 0$	$x = 0 - 5$ donc $x = -5$		
$-4x = 5$	$x = 5 + 4$ donc $x = 9$		
$4x = -7$	$x = -7 \div 4$ donc $x = -1{,}75$		
$2x + 6 = 0$	$2x = -6$ $x = -6 \div (-2)$ donc $x = 3$		
$-8 = x$	donc $x = +8$		
$8 - x = 12$	$x = 12 + 8$ donc $x = 20$		

2 **Résolvez les équations suivantes :**

$x - 5 = 3$

La solution est : ......

$-1 = 4 + x$

La solution est : ......

$-5x = 0$

La solution est : ......

$\frac{-x}{6} = 2$

La solution est : ......

$\frac{3}{4}x = -6$

La solution est : ......

$5 - x = 8$

La solution est : ......

$3x + 7 = 18$

La solution est : ......

$x - \frac{1}{3} = \frac{2}{7}$

La solution est : ......

3 **En remplaçant x par 6 puis par -3, vérifiez si 6 et -3 sont solutions des équations suivantes :**

Équations	Calculs avec 6	6 est solution : oui / non	Calculs avec -3	- 3 est solution : oui / non
$6 - x = 9$				
$\frac{-2x}{3} = -4$				
$\frac{x}{3} = 0$				

4 **Reliez chaque équation à sa solution.**

$-2x = 8$ • $x - 2 = 8$ • $2 - x = 8$ • $x \div 2 = 8$ • $2 + x = 8$ • $-2 - x = 8$ •

• 16 • -6 • -4 • 6 • -10 • 10

8

Égalités de deux quotients. Résolution de problèmes

l'essentiel

- **Produits en croix**
Étant donnés les nombres a, b, c et d ($b \neq 0$ et $d \neq 0$), si $\frac{a}{b} = \frac{c}{d}$ alors $a \times d = c \times b$.

- La résolution d'un problème à l'aide d'une équation se fait en quatre étapes :
  1re étape : choix de l'inconnue ;
  2e étape : mise en équation ;
  3e étape : résolution de l'équation ;
  4e étape : vérification, conclusion.

exemples commentés

Résoudre une équation

Résoudre les équations suivantes :

$$\frac{-2}{7x} = \frac{5}{11}$$

On utilise le produit en croix. → $7\,x \times 5 = -2 \times 11$

On divise chaque membre de l'égalité par 35 pour obtenir la valeur de x. → $35\,x = -22$ → $x = \frac{-22}{35}$

La solution est $\frac{-22}{35}$.

$$\frac{x}{9} = \frac{-4}{7}$$

Dans cette équation, il est plus simple et plus rapide de multiplier chaque membre par 9. → $\frac{x}{9} \times 9 = \frac{-4}{7} \times 9$

$x = \frac{-36}{7}$

La solution est $\frac{-36}{7}$.

Résoudre un problème à l'aide d'une mise en équation

André, Benjamin et Caroline ont joué au scrabble. À tous les trois, ils ont gagné 687 points. André fait remarquer que Caroline a 37 points de plus que lui et que Benjamin a 37 points de moins que lui. Quel est le score de chacun ?

- **1re étape :** choisir l'inconnue → On appelle x le score d'André.
- **2e étape :** mettre en équation → $x + \underbrace{x - 37}_{\text{Score de Benjamin}} + \underbrace{x + 37}_{\text{Score de Caroline}} = \underbrace{687}_{\text{Total}}$

On traduit les données de l'énoncé par des expressions mathématiques et on les utilise pour écrire une égalité à vérifier.

- **3e étape :** résoudre l'équation → $3x = 687$

$x = \frac{687}{3}$

$x = 229$

On résout l'équation pour trouver x en divisant les deux membres par 3

- **4e étape :** vérification, conclusion → Le score d'André est : **229**.
Le score de Caroline est :
229 + 37 soit **266**.
Le score de Benjamin est :
229 – 37 soit **192**.

On s'assure que le résultat est cohérent avec le problème posé, par exemple, ici il faut trouver des nombres entiers positifs.
On conclut alors par une ou plusieurs phrases.

s'exercer

1 **Résolvez les équations suivantes ($x \neq 0$) :**

$\frac{-5x}{3} = \frac{8}{7}$ ....

La solution est : ...

$-\frac{4}{5}x = \frac{1}{5}$ ....

La solution est : ...

$\frac{5}{6x} = \frac{8}{3}$ ....

La solution est : ...

$-\frac{1}{6} = \frac{11}{5x}$ ....

La solution est : ...

2 **Calcul d'aire**

Pour calculer l'aire d'un trapèze, on utilise la formule suivante :

$A = \frac{(a + b) \times h}{2}$,

a, *b* et *h* étant donnés dans la même unité.

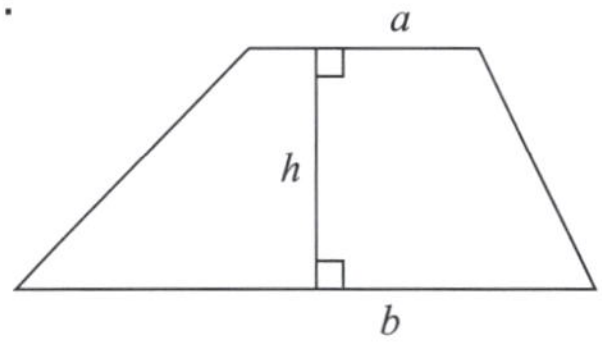

a. Sachant que $a = 0{,}7$ dm, $b = 14$ cm, $h = 110$ mm, faites les conversions nécessaires et calculez A.

....

b. Sachant que $a = 4{,}5$ m, $b = 8{,}5$ m, $A = 52$ m^2, calculez h.

....

c. Sachant que $b = 2a$, $h = 5$ cm et $A = 60$ cm^2, calculez a.

....

3 **Voici un énoncé de problème et sa solution incomplète. À vous de terminer le travail :**

Énoncé : Pour sa rentrée en 2de, Brian a acheté un livre, un dictionnaire et une calculatrice. Le dictionnaire coûte 17 € de plus qu'un livre et la calculatrice coûte 4 fois plus qu'un livre. La dépense totale est de 179 €. Quel est le prix de chaque achat ?

Solution : Soit x le prix d'un livre. Le prix d'un dictionnaire est ...... et celui d'une calculatrice est ...... La dépense totale s'écrit donc : x + ... et on obtient l'égalité : x + ... = ...

Résolution de l'équation :

.... = ...

.... = ...

.... = ... donc x = ...

Le prix du livre est de ...., celui d'un dictionnaire de .... et celui de la calculatrice de ....

4 **Vive le scooter**

Olivier achète un scooter. Il paye un douzième du prix à la commande et un quart du prix à la livraison. Le reste doit être payé en cinq mensualités d'un montant de 330 € chacune.

Après avoir mis le problème en équation, calculez le prix du scooter.

....

5 **Passer son CAP**

Hervé a passé son CAP à Valence. Sa note de mathématiques est le triple de sa note d'Anglais. Celle de français n'est que les $\frac{3}{4}$ de celle d'anglais. Dans les matières professionnelles, il a obtenu 7 points de plus qu'en anglais.

Sachant que le total de ses notes est 41,5, mettez le problème en équation et déterminez sa note d'anglais.

....

9

Puissances de 10 : définitions, propriétés

l'essentiel

Définitions

Soit n un entier positif différent de zéro.

10^n est le produit de n facteurs égaux à 10.

Exemple : $10^3 = \underbrace{10 \times 10 \times 10}_{\text{3 facteurs}} = \underbrace{1\,000}_{\text{3 zéros}}$

10^{-n} est l'inverse de 10^n.

Exemple : $10^{-3} = \dfrac{1}{10^3} = \dfrac{1}{1\,000} = 0{,}001$ (le 1 est au 3e rang après la virgule)

Par convention, $10^1 = 10$ et $10^0 = 1$.

Propriétés

m et p étant des entiers relatifs différents de zéro, on a :

$10^m \times 10^p = 10^{m+p}$ $(10^m)^p = 10^{m \times p}$ $\dfrac{10^m}{10^p} = 10^{m-p}$

Exemples : $10^2 \times 10^3 = 10^{2+3} = 10^5$ $(10^2)^3 = 10^{2 \times 3} = 10^6$ $\dfrac{10^2}{10^3} = 10^{2-3} = 10^{-1}$

exemples commentés

Écrire sous forme décimale des puissances de 10

Écrire sous forme décimale les nombres suivants : 10^4 ; 10^{-4} ; -10^4 ; -10^{-4}.

Pour les deux premiers calculs, on applique simplement la définition.

$10^4 = 10 \times 10 \times 10 \times 10 = \mathbf{10\,000}$

$10^{-4} = \dfrac{1}{10^4} = \dfrac{1}{10\,000} = \mathbf{0{,}000\,1}$

Pour les deux derniers calculs, on fait attention au signe « – » placé devant, qui signifie ici « opposé de ».

$-10^4 = -10 \times 10 \times 10 \times 10 = \mathbf{-10\,000}$

$-10^{-4} = -\dfrac{1}{10^4} = -\dfrac{1}{10\,000} = \mathbf{-0{,}000\,1}$

Utiliser les propriétés des puissances de 10

Écrire sous forme d'une puissance de 10 l'expression suivante : $\dfrac{10^{-2} \times 10^8}{10^{-4}}$.

Ce calcul s'effectue en deux étapes.

1re étape : on exprime le numérateur sous la forme d'une seule puissance de 10 en utilisant la formule : $10^m \times 10^p = 10^{m+p}$.

$$\frac{10^{-2} \times 10^8}{10^{-4}} = \frac{10^{-2+8}}{10^{-4}} = 10^{6-(-4)} = \mathbf{10^{10}}$$

2e étape : on utilise la formule $\dfrac{10^m}{10^p} = 10^{m-p}$ en faisant bien attention aux signes pour le calcul de l'exposant $m - p$, c'est-à-dire ici : $6 - (-4) = 6 + 4 = 10$.

s'exercer

1 Écrivez les nombres suivants en écriture décimale.

10^6 = ... 10^{-7} = ...

10^0 = ... 10^9 = ...

2 Écrivez les nombres suivants sous la forme d'une puissance de 10.

100 000 = ...

0,000 000 000 01 = ...

1 = ...

$\frac{1}{1\,000}$ = ...

1 cent-milliardième = ...

100 milliardièmes = $\frac{....}{....}$ = ...

3 Utilisez les propriétés des puissances de 10 pour écrire les nombres suivants sous la forme d'une puissance de 10.

$10^{-9} \times 10^6$ = ...

$10^5 \times 10 \times 10^{-7}$ = ...

$(10^{-5})^{-4}$ = ...

$\frac{1}{10^{-8}}$ = ...

$\frac{10^5}{10^{-9}}$ = ...

$\frac{1}{10^3 \times 10^4}$ = ...

$10^8 \times (10^{-3})^4$ = ...

$\frac{10^{-4}}{0{,}000\,1}$ = ...

$\frac{(10^6)^{-2} \times 10^{14}}{10^5}$ = ...

4 Complétez avec < ; > ou =.

10^8 .... 10^{10} 10^{-6} .... 10^{-3}

10^{-7} .... 0 10^{-1} .... 10^1

5 Complétez les égalités suivantes avec la puissance de 10 qui convient.

a. 1 km = ... m

donc 1 km^2 = (........)^2m^2 = ... m^2

b. 1 cm = ... m

donc 1 cm^3 = (........)^3m^3 = ... m^3

c. .... t = 1 kg = ... g = ... mg

6 Jeu-concours

Un magazine hebdomadaire organise un concours qui consiste à retrouver les numéros des pages du journal dans lesquelles sont cachés 10 logos identiques représentant des coffres remplis d'or. La durée du jeu est de 10 semaines.

a. Sachant qu'un coffre est supposé contenir cent mille millions d'euros, quel est le montant contenu dans l'ensemble des coffres découverts pendant le concours ?

....

b. Le gagnant recevra un milliardième de ce montant.
Quelle somme d'argent recevra-t-il ?

....

7 Carré magique

Un carré magique est un carré dans lequel le produit des nombres de chaque ligne, de chaque colonne ou de chaque diagonale est le même.
Complétez ce carré avec des puissances de 10 qui conviennent.

10^0		10^{-4}
	10	
		10^2

Puissances de 10 : écriture scientifique et ordre de grandeur

l'essentiel

■ L'**écriture scientifique** d'un nombre est de la forme $\boldsymbol{a} \times \mathbf{10}^n$ où $\boldsymbol{a}$ est un nombre décimal non nul qui a un seul chiffre autre que zéro avant la virgule et $\boldsymbol{n}$ un nombre entier relatif.
Exemple : Le nombre A = 3 256 128 a pour écriture scientifique $3{,}256\,128 \times 10^6$.

■ On peut utiliser l'écriture scientifique d'un nombre :
- pour l'encadrer entre deux puissances successives de 10.
Exemple : $1 \times 10^6 < 3{,}256\,128 \times 10^6 < 10 \times 10^6$ donc $10^6 < A < 10^7$
- pour déterminer un ordre de grandeur de ce nombre.
Exemple : $A = 3{,}256\,128 \times 10^6$ donc 3×10^6 est un ordre de grandeur de A.

exemples commentés

Donner l'écriture scientifique d'un nombre

Écrire sous forme scientifique les nombres suivants : 3 120 000 ; 0,002 54 ; 456,32.
On repère le chiffre autre que zéro après lequel on va placer la virgule (c'est-à-dire le plus à gauche).

$3\,120\,000 = \mathbf{3{,}12 \times 10^6}$ (+6) $0{,}002\,54 = \mathbf{2{,}54 \times 10^{-3}}$ (− 3)

$456{,}32 = \mathbf{4{,}5632 \times 10^2}$ (+2)

On pourra se souvenir que pour un nombre supérieur à 1, l'exposant de 10 sera positif et que pour un nombre compris entre 0 et 1, l'exposant sera négatif.

Trouver un ordre de grandeur

Soient A = 656 321 et $\mathbf{B = 497{,}3 \times 10^{-6}}$.

1. Donner un ordre de grandeur de chacun de ces deux nombres.

On écrit A et B sous forme scientifique.
$A = 656\,321 = 6{,}56321 \times 10^5$ donc un ordre de grandeur de A est $\mathbf{6 \times 10^5}$.
$B = 497{,}3 \times 10^{-6} = 4{,}973 \times 10^{-4}$ donc $\mathbf{5 \times 10^{-4}}$ est un ordre de grandeur de B.

2. En déduire un ordre de grandeur de A × B et $\mathbf{\frac{A}{B}}$.

On prend les ordres de grandeur de A et B, pour faire les calculs, sans oublier d'utiliser le signe ≈ pour montrer qu'il ne s'agit pas des valeurs exactes.

$A \times B \approx 6 \times 10^5 \times 5 \times 10^{-4}$

$\approx 30 \times 10^1$ ← Pour simplifier les calculs on regroupe les puissances de 10 d'une part et les nombres décimaux d'autre part.

$\approx 3 \times 10 \times 10$

$\approx 3 \times 10^2$ ← On écrit le produit des ordres de grandeur sous forme scientifique.

Donc $\mathbf{3 \times 10^2}$ est un ordre de grandeur de A × B.

$\frac{A}{B} \approx \frac{6 \times 10^3}{5 \times 10^{-4}}$

$\approx \frac{6}{5} \times \frac{10^3}{10^{-4}}$

$\approx 1{,}2 \times 10^{3-(-4)}$ ← Pour simplifier les calculs, on calcule séparément les deux quotients.

$\approx 1{,}2 \times 10^7$

Donc $\mathbf{1 \times 10^7}$, c'est-à-dire 10^7, est un ordre de grandeur de $\frac{A}{B}$.

s'exercer

1 **Écrivez les nombres suivants en écriture décimale :**

$8,32 \times 10^{-3} =$ ....

$0,001\ 2 \times 10^{6} =$ ....

$49 \times 10^{-5} =$ ....

2 **Écrivez les nombres suivants en écriture scientifique :**

$47\ 000 =$ .... $0,0072 =$ ....

72 milliards = ... $\dfrac{458}{1\ 000\ 000} =$ ....

$423 \times 10^{-4} =$ .... $273,1 \times 10^{6} =$ ....

3 **Encadrez les nombres suivants par deux puissances de 10 successives et donnez-en un ordre de grandeur :**

■ $A = 3,7 \times 10^{5}$ .... $\leqslant A <$ ....
Un ordre de grandeur de A est : ....

■ $B = 8,32 \times 10^{-3}$ .... $\leqslant B <$ ....
Un ordre de grandeur de B est : ....

■ $C = 6\ 028,7$ .... $\leqslant C <$ ....
Un ordre de grandeur de C est : ....

4 **Affichage sur une calculatrice**

a. Une calculatrice affiche : $-\ 4^{17}$

Quelle est l'écriture scientifique de ce nombre ?

....

b. Elle affiche : 4^{-17}

Quelle est l'écriture scientifique de ce nombre ?

....

5 **Complétez les égalités suivantes :**

$521,17 = 5,211\ 7 \times 10^{\dots}$

$0,004\ 8 \times 10^{\dots} = 480$

$0,077 = 77 \times 10^{\dots}$

$10^{3} \times$ .... $= 5\ 000$

$10^{-2} \times$ .... $= 4,21 \times 10^{2}$

$0,007\ 5 =$ .... $\times 10^{2}$

6 **Utilisez les résultats de l'exercice 5 de la leçon 9 pour compléter les égalités suivantes avec l'écriture scientifique du nombre :**

a. $12\ 500\ cm^{3} = 12\ 500 \times$ ..... $m^{3} =$ ..... m^{3}

b. 23,8 hL = ... L

7 **Poids lourds**

La masse de la Terre est de 5 980 millions de millions de millions de tonnes.

a. Donnez l'écriture scientifique de cette masse en tonnes : .... ;
en kilogrammes : ....

b. La masse du Soleil est de $1,989 \times 10^{30}$ kg. Donnez un ordre de grandeur du rapport entre la masse de la Terre et celle du Soleil ?

....

8 **Un rectangle a pour longueur *L* et pour largeur *l*.**

Calculer son périmètre *P* en cm et son aire *A* en cm^{2} sachant que $L = 3 \times 10^{3}$ cm et $l = 1,5 \times 10^{3}$ cm.

....

....

9 **Console de jeu**

De 1989 à la fin de l'année 2000, la console la plus utilisée au monde s'est vendue à raison d'environ 1 000 exemplaires toutes les heures.
Le nombre de consoles vendues pendant toutes ces années est-il de l'ordre du million, de la dizaine de millions, de la centaine de millions ou du milliard ?

....

....

11

Puissance d'un nombre

l'essentiel

Définitions

Soient a un nombre relatif et n un entier positif différent de zéro.

- a^n est le produit de n facteurs égaux à a : $\mathbf{a^n = a \times a \times ... \times a}$.

Exemple : $(-5)^3 = \underbrace{(-5) \times (-5) \times (-5)}_{\text{3 facteurs}} = -125$.

- Si $a \neq 0$, on note a^{-n} l'inverse de a^n : $\mathbf{a^{-n} = \dfrac{1}{a^n}}$. Exemple : $3^{-2} = \dfrac{1}{3^2} = \dfrac{1}{9}$
- Par convention, $\mathbf{a^1 = a}$ et $\mathbf{a^0 = 1}$.

Propriétés

Soient a, b, m et p des nombres relatifs (avec $b \neq 0$ et m et p entiers).

$a^m \times a^p = a^{m+p}$	$(a \times b)^m = a^m \times b^m$	$\dfrac{a^m}{a^p} = a^{m-p}$	$\left(\dfrac{a}{b}\right)^m = \dfrac{a^m}{b^m}$	$(a^m)^p = a^{m \times p}$

- Si a est positif, alors a^n et a^{-n} sont positifs.
- Si a est négatif et si n est pair, alors a^n et a^{-n} sont positifs.
- Si a est négatif et si n est impair, alors a^n et a^{-n} sont négatifs.

exemples commentés

Utiliser les propriétés des puissances d'un nombre

Sans l'aide de la calculatrice, calculer $A = 2^6 \times 5^6$ et $B = \dfrac{(-21)^3}{7^3}$.

Avec ce type de calcul, il faut utiliser les propriétés sur les puissances et donner des résultats sous forme de nombres relatifs ou de fractions irréductibles.

Calcul de A

On utilise $a^m \times b^m = (a \times b)^m$.

$A = 2^6 \times 5^6$

$A = (2 \times 5)^6$

$A = 10^6$

$A = \mathbf{1\,000\,000}$

Calcul de B

On utilise $\left(\dfrac{a}{b}\right)^m = \dfrac{a^m}{b^m}$.

$B = \dfrac{(-21)^3}{7^3}$

$B = \left(\dfrac{-21}{7}\right)^3$ ← On simplifie la fraction par 7.

$B = (-3)^3 = \mathbf{-27}$

Appliquer les priorités des opérations

Calculer les expressions suivantes : $C = -3 \times 2^4$ et $D = -(3 \times 2)^4$.

Calcul de C

En l'absence de parenthèses, l'élévation à une puissance est prioritaire, on calcule donc **d'abord 2^4**.

$C = -3 \times 2^4$

$C = -3 \times 16$

$C = \mathbf{-48}$

Calcul de D

On effectue d'abord la multiplication entre parenthèses, puis le calcul de la puissance.

$D = -(3 \times 2)^4$

$D = -6^4$ ← Attention au calcul de -6^4 qui signifie $-6 \times 6 \times 6 \times 6$ et non pas $(-6) \times (-6) \times (-6) \times (-6)$.

$D = \mathbf{-1\,296}$

s'exercer

1 **Sans utiliser la calculatrice, complétez le tableau suivant :**

Écriture sous forme d'une puissance	$(-2)^4$	-2^4	2^{-2}	-3^3	$(-3)^3$
Écriture décimale					

2 **Donnez le signe des expressions suivantes :**

$(-5)^3$	5^{-3}	$-(-2) \times (-7)^2$	$\left(\frac{-1}{4}\right)^0$	-3^{12}	$\frac{(-3)^3 \times 5^2}{(-1)^8}$

3 **Écrivez les nombres suivants sous la forme d'une puissance d'un seul nombre :**

a. $3^7 \times 3 \times 3^2 =$ ……………

b. $(-2)^{-3} \times (-2)^7 =$ ……………

c. $\frac{5^7}{5^9} =$ ……………

d. $3^8 \times 4^8 =$ ……………

e. $\frac{20^5}{4^5} =$ ……………

f. $\frac{25^2}{5^7} =$ ……………

4 **Calculez les expressions suivantes :**

- $A = 1 - 4 \times 3^2 + (-5)^3$

A = ……………

A = ……………

A = ……………

- $B = -3^4 + 3 \times (5 - 2^3)^2$

B = ……………

B = ……………

B = ……………

- $C = 7^{-2} + 2$

C = ……………

C = ……………

C = ……………

5 **Calculez $D = 12x + 6x^2 - 2x^3$ pour $x = -3$.**

……………

……………

……………

……………

6 **Complétez la grille de « nombres croisés ».**

Horizontalement

A. $10^2 + 10 + 10^0$

B. 2^2 ; $(-5)^4$

C. 2^6 ; $3^2 \times 2^3$

D. $10^3 \times \left(\frac{1}{5}\right)^2$

E. $[2(10 + 1)]^3$

Verticalement

I. $(10 + 1)^4$

II. $(2 \times 10)^2$

III. 4^2

IV. $(-2)^4 \times 13^2$

V. $3^5 + 3^2$; 2^3

	I	II	III	IV	V
A					
B					
C					
D					
E					

7 **Aire et périmètre**

a. Un rectangle a pour longueur 2^5 et pour largeur 2^3. Exprimez son aire sous la forme d'une puissance de 2.

A = ……………

b. Un carré a pour côté 2^5. Exprimez son aire et son périmètre sous la forme de puissances de 2.

A = ……………

P = ……………

12

Développement et réduction

l'essentiel

Développer un produit

Développer un produit, c'est le transformer en une somme algébrique.

$$k \times (a + b) = k \times a + k \times b$$

Cette propriété s'appelle la distributivité de la multiplication sur l'addition.

Exemple : $-4 \times (2a + 5) = -4 \times 2a + (-4) \times 5 = -8a - 20$.

Réduire une expression

Réduire une expression, c'est regrouper les termes semblables.

Exemple : La forme réduite de $7a + 9b + 2a - 3b + 11$ est $9a + 6b + 11$.

Termes en a — Termes en b

Attention, on ne peut pas aller plus loin.

exemples commentés

Développer et réduire des expressions littérales

1. Développer $A = a(a - 2)$ et $B = -3(x^2 - 2x + 5)$.

Calcul de A

Le facteur à distribuer est a.
Se souvenir que $a - 2 = a + (-2)$.

Le signe × est sous-entendu entre a et la parenthèse.

$A = a(a - 2)$
$A = a \times a + a \times (-2)$
$A = \mathbf{a^2 - 2a}$

Calcul de B

On distribue le nombre relatif -3, il faut donc faire attention aux signes.

$B = -3(x^2 - 2x + 5)$
$B = -3 \times x^2 + (-3) \times (-2x) + (-3) \times 5$
$B = \mathbf{-3x^2 + 6x - 15}$

2. Réduire $C = 3x - 8x$ et $D = a^2 + 8a - 7 + 3a^2 - 5a - 7$.

Calcul de C

On met x en facteur pour « compter » les x.

$C = 3x - 8x$
$C = 3 \times x - 8 \times x$
$C = (3 - 8) \times x$
$C = -5x$

Avec un peu d'habitude, on fera mentalement les étapes intermédiaires.

Calcul de D

On regroupe les termes semblables.

$D = a^2 + 8a - 7 + 3a^2 - 5a - 7$
$D = a^2 + 3a^2 + 8a - 5a - 7 - 7$

termes en a^2 — termes en a — nombres relatifs.

$D = \mathbf{4a^2 + 3a - 14}$

Attention, a^2 et a ne sont pas semblables, on ne peut donc pas aller plus loin.

3. Développer et réduire $E = 3(2x - 5) + 7x(4x - 8)$.

Calcul de E

1re étape : on développe séparément les deux produits.

2e étape : on compte les termes semblables.

$E = 3(2x - 5) + 7x(4x - 8)$
$E = 3 \times 2x + 3 \times (-5) + 7x \times 4x + 7x \times (-8)$
$E = 6x - 15 + 28x^2 - 56x$
$E = \mathbf{28x^2 - 50x - 15}$

s'exercer

1 **Développez les expressions suivantes :**

$A = 4(x^2 - 4x)$

$B = -7(8x - 3)$

$C = 3x(2x^2 - x + 3)$

2 **Réduisez les expressions suivantes :**

$D = 4x + 7x$

$E = 17a^2 - 9a^2$

$F = -21ab - 7ab$

$G = -3x - 7 - 3x + 11$

$H = 11 - 8ab - 7 + 5ab$

$I = 9a + 7b - 14a + 2b$

$K = 4x^2 - 7x - 3 - 5x^2 + 9x + 1$

$L = \frac{7}{6}x - \frac{1}{5}x$

$M = \frac{3}{4}x - \frac{x}{3}$

3 **Développez et réduisez les expressions suivantes :**

$N = 5(a - 9) - (3a - 25)$

$P = 3(2x - 3) - 3(7x + 1)$

$Q = \frac{5 - 2x}{3} - \frac{3x + 8}{2}$

$R = \frac{7x + 5}{6} - \frac{3 - 2x}{9}$

4 **Utilisez la distributivité pour calculer mentalement :**

$S = 98 \times 16 =$

$T = 102 \times 16 =$

$U = 98 \times 102 =$

$V = 27 \times 38 + 73 \times 38 =$

5 **Boîte d'allumettes**

Voici le patron d'une boîte d'allumettes.

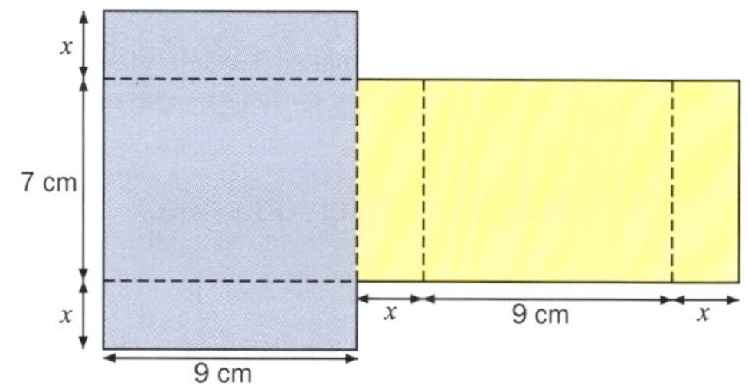

a. Exprimez en fonction de x l'aire $\mathcal{A}_B$ du rectangle bleu.

b. Exprimez en fonction de x l'aire $\mathcal{A}_J$ du rectangle jaune.

c. Exprimez en fonction de x l'aire totale $\mathcal{A}_T$ du patron et réduisez l'expression obtenue.

13 Développement et suppression de parenthèses

l'essentiel

Développement du produit de deux sommes

Etant donnés quatre nombres *a*, *b*, *c* et *d* on a :

$$(a + b)(c + d) = ac + ad + bc + bd$$

Exemple :

$(3x + 7)(4x + 2) = 3x \times 4x + 3x \times 2 + 7 \times 4x + 7 \times 2$

$= 12x^2 + 6x + 28x + 14$

$= 12x^2 + 34x + 14.$

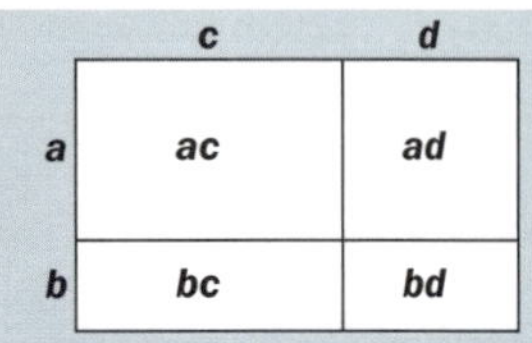

Sur ce schéma, on voit que l'aire du grand rectangle est égale à la somme des aires des quatre petits rectangles. Cette remarque peut aider à retenir la formule.

Suppression de parenthèses

Dans une suite d'additions et de soustractions :

• on peut supprimer les parenthèses précédées du signe « + » (ainsi que ce signe « + ») sans changer les signes à l'intérieur des parenthèses ;

• on peut supprimer les parenthèses précédées du signe « – » (ainsi que ce signe « – ») à condition de changer tous les signes à l'intérieur des parenthèses.

exemples commentés

Supprimer des parenthèses

1. Supprimer les parenthèses de l'expression suivante puis la réduire :
$A = -(7x^2 + 5x - 11) + (-3x + 2)$.

Avant de supprimer les parenthèses, on observe le signe qui les précède. On applique alors la règle du cours.

$A = -(7x^2 + 5x - 11) + (-3x + 2)$

$A = -7x^2 - 5x + 11 - 3x + 2$

On réduit l'expression obtenue.

$A = \mathbf{-7x^2 - 8x + 13}$

2. Développer puis réduire les deux expressions suivantes :
$B = (-3x + 7)(4x - 2)$ et $C = 2(5 - 7x) - (3x - 1)(2 - 5x)$.

Calcul de B

On développe en considérant que $4x - 2$ est égal à $4x + (-2)$.

$B = (-3x + 7)(4x - 2)$

$B = (-3x) \times 4x + (-3x) \times (-2) + 7 \times 4x + 7 \times (-2)$

$B = -12x^2 + 6x + 28x + (-14)$

On réduit la somme.

$B = \mathbf{-12x^2 + 34x - 14}$

Calcul de C

Comme il y a un signe moins devant le produit $(3x - 1)(2 - 5x)$, on développe le produit à l'intérieur de parenthèses, que l'on supprime dans un deuxième temps.

$C = 2(5 - 7x) - (3x - 1)(2 - 5x)$

$C = 10 - 14x - (6x - 15x^2 - 2 + 5x)$

$C = 10 - 14x - 6x + 15x^2 + 2 - 5x$

$C = \mathbf{15x^2 - 25x + 12}$

s'exercer

1 **Développez et réduisez les expressions suivantes :**

$A = (2x + 3) \times (5x - 8)$

$B = (-3x - 2) \times (5x + 8)$

2 **Supprimez les parenthèses puis réduisez les expressions suivantes :**

$C = 5 - (-3y + x) - (-2x + y + 7)$

$D = (-6b + 7a) - (4a - b + 9)$

$E = 7x^2 - 4 - 3 - (2x^2 - 5) + (1 - 11x)$

$F = 7x^2 - 4 - [3 - (2x^2 - 5) + (1 - 11x)]$

3 **Développez et réduisez :**

$G = (2x + 1)(7 + 4x)$

$H = (5x + 1)(7 - 4x)$

$J = (2x + 1)(7 + 4x) - (5x + 1)(7 - 4x)$

4 **Longueur, périmètre et aire**

ABCD et BMNP sont deux rectangles tels que AB = 8 cm, BP = 5 cm et AM = PC = x cm.

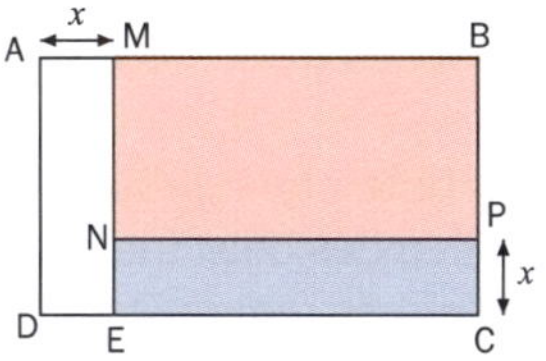

a. Que représentent les nombres suivants pour la figure ci-dessus ?

- $x + 5$
- $x \times (8 - x)$
- $2(8 - x) + 2 \times 5$

b. Exprimez le périmètre, P, du rectangle BCEM en fonction de x, puis calculez P.

c. Exprimez l'aire A du rectangle BCEM en fonction de x, puis développez et réduisez l'expression obtenue.

5 **Comparaison d'aires**

ABCD et EFGH sont deux rectangles dont les dimensions sont indiquées ci-dessous.

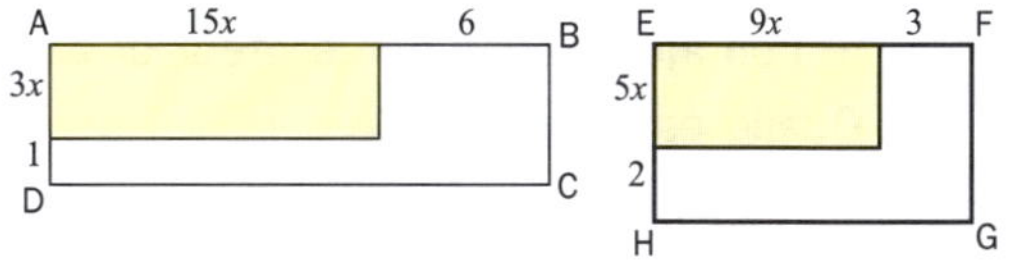

a. Exprimez sous forme de produits en fonction de x l'aire A_1 de ABCD et l'aire A_2 de EFGH.

b. Développez et réduisez $A_1 - A_2$.
Que pouvez-vous en déduire sur les aires des deux rectangles ?

Équations et problèmes

l'essentiel

Résolution d'une équation à une inconnue

• **1re étape :** on développe et réduit chacun des deux membres de l'équation.

• **2e étape :** on regroupe les termes en « x » dans l'un des deux membres et les autres termes dans l'autre.

• **3e étape :** on résout l'équation simple ainsi obtenue, en donnant le résultat sous la forme la plus simple possible.

Exemple :

$$7(3x - 2) - 10x = 3 - (7x + 8)$$
$$21x - 14 - 10x = 3 - 7x - 8$$
$$11x - 14 = -7x - 5$$
$$11x + 7x - 14 + 14 = -7x + 7x - 5 + 14$$
$$11x + 7x = -5 + 14$$
$$18x = 9$$
$$x = \frac{1}{2}$$

exemples commentés

Résoudre une équation

Résoudre l'équation suivante : $\mathbf{\dfrac{3x + 5}{9} = \dfrac{4 - 2x}{5}}$

On utilise le produit en croix. $5(3x + 5) = 9(4 - 2x)$

On développe et on réduit chaque membre. $15x + 25 = 36 - 18x$

On regroupe les termes en x. $15x + 18x = 36 - 25$ ← On ajoute mentalement $18x$ et -25 de chaque côté

On résout l'équation obtenue, en donnant le résultat sous forme d'une fraction irréductible. $33x = 11$; $x = \dfrac{11}{33}$

On conclut. La solution est $\mathbf{\dfrac{1}{3}}$.

Résoudre un problème à l'aide d'une équation

Si l'on ajoute x au numérateur et au dénominateur de la fraction $\dfrac{7}{3}$, on obtient le nombre 5. Quelle est la valeur de x ?

D'après l'énoncé, on doit résoudre l'équation suivante : $\dfrac{7 + x}{3 + x} = 5.$

$7 + x = 5 \times (3 + x)$ ← On multiplie les deux membres de l'équation par $(3 + x)$.

On développe et on réduit chaque membre. $7 + x = 15 + 5x$

On regroupe les termes en x. $7 - 15 = 5x - x$

On résout l'équation obtenue. $-8 = 4x$

$x = \mathbf{-2}$

Au brouillon, on peut vérifier le résultat : $\dfrac{7 + (-2)}{3 + (-2)} = \dfrac{5}{1} = 5$ donc -2 est bien le nombre recherché.

s'exercer

1 À l'aide !

Sarah et Thomas font souvent leurs devoirs ensemble. Thomas a des difficultés en maths et Sarah lui donne des conseils pour l'aider à résoudre son équation. Écrivez pour chaque étape du calcul de Thomas les conseils que lui a donnés Sarah.

• Calcul de Thomas

$$7 - (3x + 5) = 3 \times (x - 4) + x$$
①
$$7 - 3x - 5 = 3x - 12 + x$$
②
$$2 - 3x = 4x - 12$$
③
$$-3x - 4x = -12 - 2$$
④
$$-7x = -14$$
⑤
$$x = \frac{-14}{-7}$$
⑥
$$x = 2$$

La solution de l'équation est 2. ⑦

• Conseils de Sarah

① ....

② ....

③ ....

....

④ ....

⑤ ....

⑥ ....

⑦ ....

2 Dans chaque cas, regroupez les termes en x dans le même membre puis résolvez l'équation.

• $7x = 42 - 3x$

....

....

• $2x = 4 + \frac{x}{3}$

....

....

• $-5x = x - 9 - 8x$

....

....

3 Résolvez les équations suivantes :

• $3(x - 7) = 3 - (x - 7)$

....

....

• $8x - 5(1 - 2x) = 10 - 2(x - 2)$

....

....

• $\frac{2x - 8}{7} = \frac{1 - 7x}{3}$

....

....

4 Mettez le problème suivant en équation puis résolvez-le.

Mélanie a un lot de perles. Elle voulait faire 5 colliers, mais il lui manque 17 perles. Elle décide alors de confectionner 9 bracelets. À la fin de son travail, il lui reste 28 perles. Sachant qu'elle utilise deux fois plus de perles pour faire un collier que pour faire un bracelet, calculez le nombre de perles que comporte un bracelet.

....

5 Dans un triangle

Sur la figure suivante, les droites (RS) et (MN) sont parallèles et R et S appartiennent respectivement aux côtés [PM] et [PN] du triangle PMN.

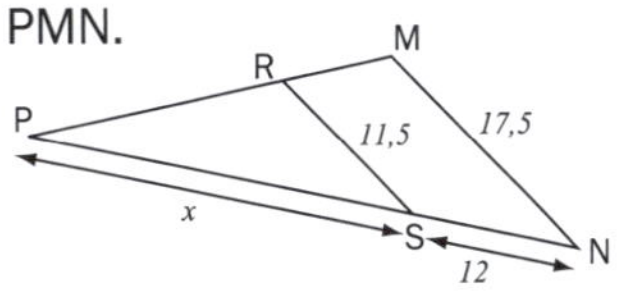

Le but de l'exercice est de calculer la longueur PS, que l'on nomme x. Pour cela, utilisez les égalités entre les rapports des longueurs dans le triangle PMN afin d'obtenir une équation en x, puis résolvez cette équation.

Ordre et opérations

l'essentiel

Définitions

$7 < 10$; $-3 \leqslant 5$; $x > 7$; $x \geqslant 7$ sont des **inégalités.**
$x > 7$ se lit « x est strictement supérieur à 7 ».
$x \geqslant 7$ se lit « x est supérieur ou égal à 7 » et signifie que x peut prendre la valeur 7 et toutes les valeurs strictement supérieures à 7.

Propriétés des inégalités

• Si on additionne (ou soustrait) un même nombre aux deux membres d'une inégalité, on obtient une nouvelle inégalité qui a le même sens.

Si $a \geqslant b$, alors $a + c \geqslant b + c$ et $a - c \geqslant b - c$

• Si on multiplie (ou divise) les deux membres d'une inégalité par un même nombre, positif et non nul, on obtient une nouvelle inégalité qui a le même sens.

Si $a \geqslant b$ et si $c > 0$, alors $a \times c \geqslant b \times c$ et $a \div c \geqslant b \div c$

exemples commentés

Appliquer les propriétés des inégalités

Utiliser chaque inégalité donnée pour obtenir de nouvelles inégalités ayant x comme premier membre : $x - 15 \leqslant 7$; $8x > -13$.

Pour isoler x dans le premier membre, on ajoute 15 aux deux membres de l'inégalité.

$$x - 15 \leqslant 7$$
$$x - 15 + 15 \leqslant 7 + 15$$
$$x \leqslant 22$$

Pour isoler le x dans le premier membre, on divise par 8 les deux membres de l'inégalité.

$$8x > -13$$
$$\frac{8x}{8} > \frac{-13}{8}$$
$$x > -1{,}625$$

Utiliser les propriétés des inégalités dans un problème

On appelle E l'épaisseur d'un dictionnaire de 1000 feuilles et e l'épaisseur d'une feuille, en millimètres. On sait que : $77 \leqslant E \leqslant 78$ et que chaque couverture a une épaisseur de 2,5 mm. Donner un encadrement au millième de l'épaisseur d'une feuille.

1re étape : on donne un encadrement de l'épaisseur des 1000 feuilles, en soustrayant à l'épaisseur totale (E) celle des deux couvertures. On obtient un nouvel encadrement de même sens.

$$77 \leqslant E \leqslant 78$$

Cet encadrement est la juxtaposition des deux inégalités $77 \leqslant E$ et $E \leqslant 78$.

$$77 - 2 \times 2{,}5 \leqslant E - 2 \times 2{,}5 \leqslant 78 - 2 \times 2{,}5$$
$$72 \leqslant E - 5 \leqslant 73$$

2e étape : on donne un encadrement de l'épaisseur d'une feuille à partir de celui de l'épaisseur de 1 000 feuilles.
On obtient ainsi un nouvel encadrement de même sens.

$$72 \leqslant 1\,000 \times e \leqslant 73$$
$$72 \div 1\,000 \leqslant e \leqslant 73 \div 1\,000$$
$$0{,}072 \leqslant e \leqslant 0{,}073$$

L'épaisseur d'une feuille est comprise **entre 0,072 mm et 0,073 mm.**

s'exercer

1 **Sachant que $x \geqslant 5{,}5$, complétez les inégalités suivantes :**

a. $x + 2 \geqslant$ ....

b. $x - 7 \geqslant$ ....

c. $x \times 2 \geqslant$ ....

d. $x \div 11 \geqslant$ ....

2 **a. Écrivez les inégalités obtenues si on ajoute (– 7) aux deux membres des inégalités suivantes :**

- $7 + 4x > -3$

....

....

- $\dfrac{5x + 21}{3} \leqslant 1$

....

....

b. Écrivez les inégalités obtenues si on multiplie les deux membres des inégalités suivantes par 7 :

- $4x > -\dfrac{3}{7}$
- $\dfrac{2 - x}{7} \leqslant 1$

....

....

3 **Dans chaque cas, transformez l'inégalité proposée sous une des formes suivantes : $x > \dots$; $x < \dots$; $x \geqslant \dots$ ou $x \leqslant \dots$**

a. $x - 7 < -1$

....

b. $3x > -7$

....

c. $\dfrac{3x}{4} < 8$

....

d. $x + 25 \geqslant 0$

....

e. $\dfrac{-3}{5} \geqslant \dfrac{x}{8}$

....

4 **x désigne un nombre tel que**

$$-3 < 5x - 7 < +8.$$

a. Quel encadrement peut-on en déduire pour $5x$?

....

b. Quel encadrement peut-on en déduire pour x ?

....

5 **Very British**

John habite Londres et parcourt, tous les jours, 1,7 mile pour aller à sa « public school ». Sachant que la longueur en kilomètres, M, d'un mile anglais est comprise entre 1,609 et 1,610 ($1{,}609 < M < 1{,}610$), donnez un encadrement de la distance parcourue chaque jour par John.

....

....

....

6 **Cylindre**

Un cylindre droit a pour rayon 5 cm et pour hauteur 12 cm.
Sachant que $3{,}14 < \pi < 3{,}15$, trouvez un encadrement :

a. du périmètre P de la base.

....

....

b. de l'aire B de la base.

....

....

c. de l'aire latérale A.

....

....

d. de l'aire totale T.

....

....

SOMMAIRE

PROPORTIONNALITÉ ET STATISTIQUES

16 Proportionnalité : rappels 40

17 Proportionnalité : graphiques et pourcentages 42

18 Proportionnalité et vitesse 44

19 Fréquences et graphiques 46

20 Effectifs et fréquences cumulés 48

21 Moyenne et moyenne pondérée 50

Solution de « Économie » : La petite boîte coûte 80 % de 3 € soit 2,4 €. Le prix du kilogramme est donc de 2,4 €. La grande boîte coûte 3 € et pèse 1,2 kg (20 % de 1 kg = 0,2 kg). 3 ÷ 1,2 = 2,5. Le prix du kilogramme est donc de 2,5 €. Conclusion : il faut réfléchir avant d'acheter !

Infos et découverte

Histoire

Calculer la circonférence de la Terre

Au IIIe siècle avant Jésus-Christ, un mathématicien grec, Eratosthène, utilisa la proportionnalité pour évaluer la circonférence de la Terre avec une précision tout à fait remarquable pour l'époque.

Tout d'abord, il remarqua qu'à la même heure de la journée, dans deux endroits différents, les ombres étaient différentes. Quand il est midi, le jour du solstice d'été, à Assouan (Égypte), les objets n'ont pas d'ombre. Au même moment à Alexandrie, les rayons du soleil sont inclinés d'un angle $\widehat{x}$ par rapport à la verticale. Eratosthène détermina ainsi l'angle au centre de la Terre entre Assouan et Alexandrie : 7,15°.

Ensuite, il se servit de la proportionnalité entre la mesure d'un arc et l'angle au centre qui l'intercepte. Sachant alors que les deux villes étaient distantes d'environ 5 000 stades (mesure de l'époque qui valait à peu près 0,1575 km), il calcula la circonférence de la Terre en stades :
$(360° \times 5\,000) \div 7,15 = 251\,748$.
En convertissant cette mesure dans une unité qui nous est plus familière, on obtient : 39 650 km, mesure très proche de celle que nous connaissons aujourd'hui (40 074 km).

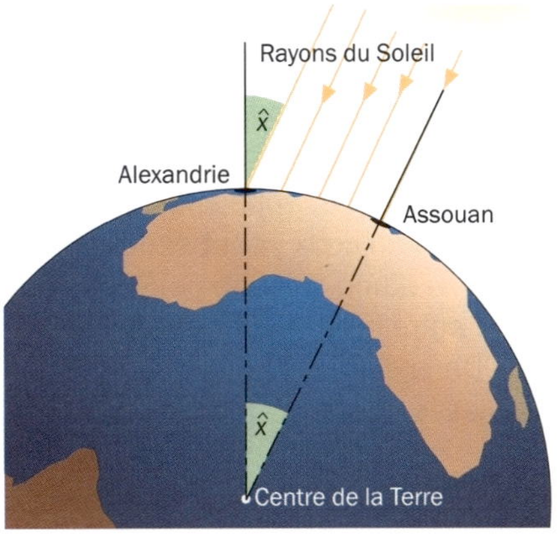

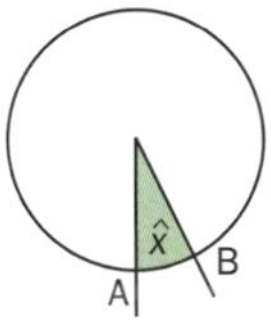

Longueur de l'arc	Angle au centre (en degrés)
circonférence du cercle	360°
$\overset{\frown}{AB}$	$\widehat{x}$

Économie

Réfléchir avant d'acheter

Une grande surface propose habituellement sa salade de fruits au prix de 3 € le kg. Lors d'une campagne de promotion elle propose aux clients deux sortes de boîtes. À votre avis, quelle est l'offre la plus intéressante ?

16 Proportionnalité : rappels

l'essentiel

Grandeurs proportionnelles

Deux grandeurs x et y sont proportionnelles si l'on passe de l'une à l'autre en multipliant par un nombre k. On a : $y = k \times x$

Tableau de proportionnalité

Dans un tableau de proportionnalité :
- les nombres de la deuxième ligne s'obtiennent en multipliant ceux de la première par un même nombre, appelé le coefficient de proportionnalité ;
- les « produits en croix » sont égaux ;
- les nombres d'une colonne peuvent s'obtenir en multipliant (ou en divisant) ceux d'une autre colonne par un même nombre.

Exemple : Dans ce tableau, masse et prix sont deux grandeurs proportionnelles.

Masse de pommes en kg	0,5	4	6	2
Prix en €	1,25	10	15	5

$\times 8$ (de la 1re à la 2e colonne) ; $\div 3$ (de la 3e à la 4e colonne) ; $\times 2,5$ (de la 1re à la 2e ligne)

exemples commentés

Rechercher un nombre inconnu dans un tableau de proportionnalité

Déterminer *a*, *b* et le coefficient *k*, dans le tableau de proportionnalité ci-contre :

Distance parcourue (en km)	200	50	*b*
Essence consommée (en L)	16	*a*	2

Pour calculer a, on applique l'égalité des produits en croix : $200 \times a = 16 \times 50$ donc $a = 800 \div 200 = 4$.
4 L d'essence sont consommés lors d'un trajet de 50 km.

Distance parcourue (en km)	200	50	***b* = 25**
Essence consommée (en L)	16	***a* = 4**	2

$\div 8$; $\times k$

k est la consommation d'essence par km.
On considère la 1re colonne : $200 \times k = 16$, donc $k = 16 \div 200 = 0,08$.

Pour calculer b, on utilise la proportionnalité entre les nombres de la 1re et de la 3e colonne : $16 \div 8 = 2$. Par conséquent, $b = 200 \div 8 = 25$.
On parcourt 25 km avec 2 L d'essence.

Reconnaître une situation de proportionnalité

À 5 ans, Toto mesurait 100 cm. Aujourd'hui, Toto a 15 ans et il mesure 150 cm.
La taille de Toto est-elle proportionnelle à son âge ?

On établit le tableau correspondant à la situation, puis on regarde si les nombres de la 2e ligne s'obtiennent en multipliant ceux de la 1re ligne par un même nombre.

Âge	5	15
Taille en cm	100	150

Pour passer de 5 à 100, on multiplie par 20 et pour passer de 15 à 150, on multiplie par 10, donc ce tableau n'est pas un tableau de proportionnalité.

La taille de Toto n'est donc pas proportionnelle à son âge.

s'exercer

1 **Cochez les grandeurs qui sont proportionnelles entre elles.**

a. Le côté d'un carré et son périmètre. ☐

b. La note à un devoir de mathématiques et le nombre d'heures de travail passées à le préparer. ☐

c. À bicyclette, la distance parcourue et le nombre de tours faits par la roue avant. ☐

d. Le côté d'un carré et son aire. ☐

e. La masse de viande achetée et le prix payé. ☐

2 **Les tableaux suivants sont-ils des tableaux de proportionnalité ? Justifiez votre réponse.**

a.

1	2	3
2	3	4

b.

Rayon d'un cercle C	3	9
Périmètre du cercle C	6 π	18 π

3 **On appelle 4e proportionnelle le nombre inconnu dans un tableau de proportionnalité à deux colonnes. Calculez les 4e proportionnelles suivantes :**

a.

12	x
3	0,75

b.

u	21
72	56

c.

7	28
$\frac{2}{5}$	z

d.

$\frac{3}{4}$	3
$\frac{2}{5}$	t

4 **Complétez les tableaux de proportionnalité suivants et déterminez leur coefficient de proportionnalité.**

a.

12	4		1
	6	15	

× ....

b.

3,6	4,5		8,1
4,8		1,2	

× ....

c.

7	$\frac{9}{7}$		
3		$\frac{15}{28}$	1

× ....

5 **Chez le boucher**

Chez le boucher de mon quartier, le client qui me précédait a payé 26,6 € pour 1,4 kg de beefsteak.

a. Sans calculer le prix au kg, déterminez la masse de beefsteak que j'ai pu acheter avec 39,9 €.

b. Calculez le prix du kg de beefsteak, puis vérifiez le résultat de la question précédente.

6 **Goûter entre amis**

Lilian a versé 2,5 cL de sirop dans un verre, puis il a complété avec de l'eau jusqu'à ce que le verre soit plein. Il a goûté sa boisson et l'a trouvée délicieuse, si bien qu'il a décidé d'en préparer pour ses amis Pierre-Jean et Pascal, en respectant les mêmes proportions.

Calculez la quantité de sirop utilisée pour chacun, sachant que les verres de Lilian, Pierre-Jean et Pascal ont des capacités respectives de 12,5 cL, 14 cL et 10 cL.

17 Proportionnalité : graphiques et pourcentages

l'essentiel

Représentation graphique d'une situation de proportionnalité

Dans un repère donné, la représentation graphique d'une situation de proportionnalité est constituée de points alignés sur une droite passant par l'origine.

Exemple : Voici un tableau de proportionnalité et sa représentation graphique.

Nombre de tommes de chèvres	1	3	5
Prix en €	1,5	4,5	7,5

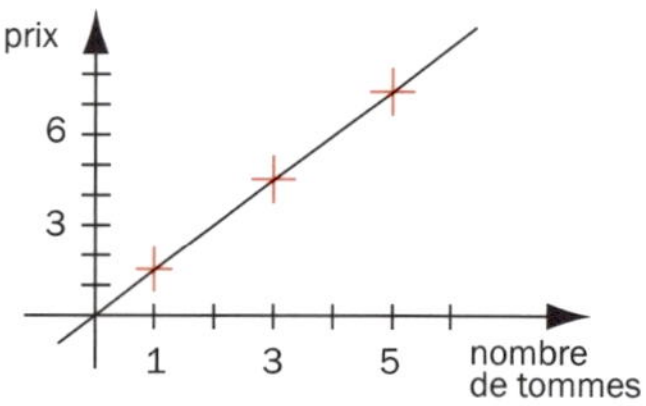

Pourcentages

- Un pourcentage traduit une situation de proportionnalité.
- Pour calculer le pourcentage que représente un nombre A par rapport à un nombre B, on peut utiliser un tableau de proportionnalité.

A	x
B	100

On calcule $x = \frac{A}{B} \times 100$. Le pourcentage est x % $\left(\text{en fait } \frac{x}{100}\right)$.

exemples commentés

Utiliser une représentation graphique

Représenter graphiquement les situations suivantes, dans lesquelles y est exprimé en fonction de x, et dire s'il s'agit de situations de proportionnalité.

x	0	10	20
y	0	6	12

x	1	3	4
y	0	2	3

x	0	0,5	1
y	0	0,25	1

Pour construire un graphique représentant y en fonction de x, on place les valeurs de x sur l'axe des abscisses et celles de y sur l'axe des ordonnées.

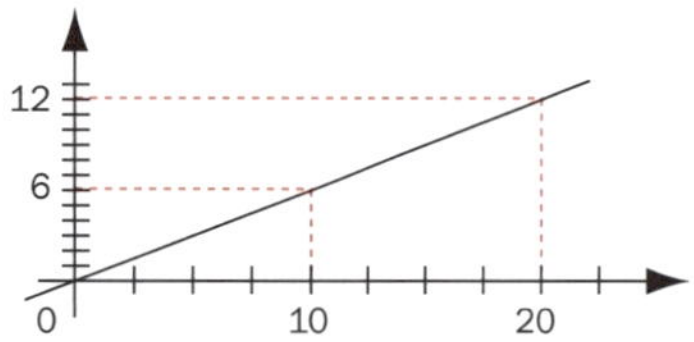

Les points sont alignés sur une droite qui passe par l'origine, donc **il s'agit d'une situation de proportionnalité.**

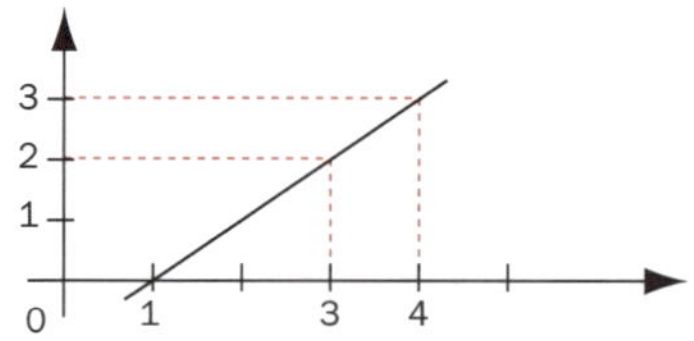

Les points sont alignés, mais la droite ne passe pas par l'origine, donc **il ne s'agit pas d'une situation de proportionnalité.**

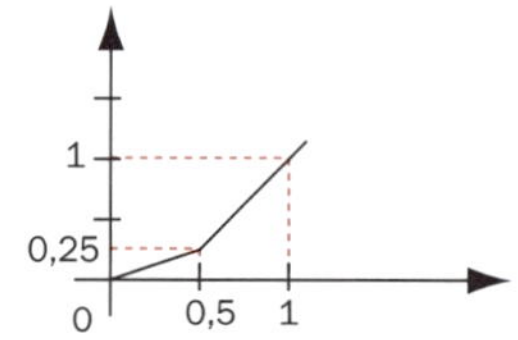

Les points ne sont pas alignés, donc **il ne s'agit pas d'une situation de proportionnalité.**

Calculer un pourcentage

Un collège compte 465 externes pour 750 élèves. Quel est le pourcentage d'externes ?

Soit x le pourcentage d'externes.

Calculer ce pourcentage revient à calculer la 4e proportionnelle du tableau suivant :

Nombre d'externes	465	x
Nombre total d'élèves	750	100

$x = \frac{465}{750} \times 100 = 62$ donc il y a **62 %** d'externes.

s'exercer

1 Pâtisserie

a. Complétez le tableau de proportionnalité suivant.

150	60	40	1 000	1 250
				100

b. Pour faire un « apple crumble » (délicieux gâteau anglais), il faut les ingrédients suivants : 150 g de farine, 60 g de beurre, 40 g de sucre et 1 kg de pommes. Quelle est la masse totale des ingrédients utilisés ?

c. Déterminez le pourcentage de chacun des ingrédients utilisés.

2 Au marché

Agnès, la maman de Cécile, a relevé le prix des abricots chez plusieurs commerçants : 3,5 € les deux kilos chez Alfred, 2,1 € le kilo chez Marcel et 9,5 € le plateau de 5 kilos chez Jules.

a. Représentez ces relevés sur le graphique.

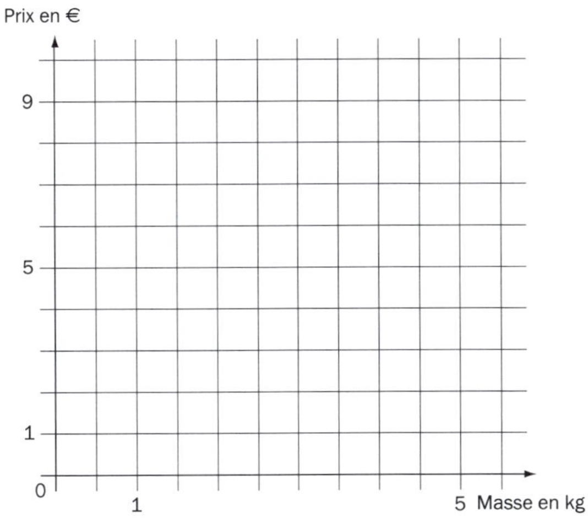

b. Sans faire de calculs, pouvez-vous dire si le prix des abricots sur le marché est proportionnel à la masse ? Justifiez votre réponse.

3 Dans un collège des années 1960

En 1962, dans le collège de Titou, on comptait 600 élèves, dont 48 % étaient des filles. Il y avait 150 élèves en 6e, 168 élèves en 5e, 138 élèves en 4e.

a. Quel était le nombre de filles ?

b. Quel était le pourcentage d'élèves en 6e ?

c. Quel était le pourcentage d'élèves en 5e ?

d. Quel était le pourcentage d'élèves en 4e ?

e. Quel était le nombre d'élèves en 3e ?

f. Quel était le pourcentage d'élèves en 3e ?

4 Brevet

Dans les trois établissements scolaires d'une petite ville, les élèves de 3e reçus au brevet des collèges se répartissent ainsi : 75 % des 88 élèves du collège Jean Monnet, 80 % des 120 élèves du collège Paul Valéry et 85 % des 240 élèves du collège Malossanne. Nicolas affirme que 80 % des élèves de cette ville ont réussi le brevet des collèges. Qu'en pensez-vous ?

5 Apéritif

Un apéritif anisé contient 45 % d'alcool pur. On le boit en ajoutant 3 fois son volume d'eau. Quel est le pourcentage d'alcool pur contenu dans ce mélange ?

Proportionnalité et vitesse

l'essentiel

Définitions

• Lorsqu'un mouvement est uniforme, la distance parcourue, *d*, est proportionnelle à la durée du parcours, *t*. En notant *v* la vitesse, on a : $\boldsymbol{d = v \times t}$.

La vitesse est alors constante et $\boldsymbol{v = \dfrac{d}{t}}$ est le coefficient de proportionnalité.

Exemple :

Durée (en h)	1	2	3
Distance (en km)	60	120	180

ici, $v = \dfrac{180}{3} = 60$ soit 60 $km.h^{-1}$

• Lorsqu'un mouvement n'est pas uniforme, la distance n'est pas proportionnelle à la durée. On peut cependant calculer la vitesse moyenne sur l'ensemble du parcours, en utilisant la formule : $\boldsymbol{v = \dfrac{d}{t}}$. Cette formule permet également de calculer une distance ou une durée, car elle peut s'écrire $\boldsymbol{d = v \times t}$ ou $\boldsymbol{t = \dfrac{d}{v}}$.

> $km.h^{-1}$ est l'écriture normalisée de km/h.

Unités

Avant d'utiliser la formule $v = \dfrac{d}{t}$, il faut vérifier que *d*, *v* et *t* sont exprimées en unités correspondantes.

Exemples d'unités correspondantes		
Distance	Durée	Vitesse
km	h	$km.h^{-1}$
m	s	$m.s^{-1}$

exemples commentés

Calculer une durée, une distance ou une vitesse

Un touriste part en vacances avec sa voiture. Il fait la première partie du parcours, soit 273 km, sur une route nationale, à la vitesse moyenne de 65 $km.h^{-1}$. Puis, il prend l'autoroute pendant 1 h 48 min et il roule alors à une vitesse moyenne de 120 $km.h^{-1}$.

1. Calculer la durée du parcours sur la route nationale.

On sait que $t = \dfrac{d}{v}$ donc $t = \dfrac{273}{65} = 4{,}2$.

La durée du parcours est de 4,2 h c'est-à-dire **4 h 12 min.**

> **Attention !** Ne pas confondre 4,2 h et 4 h 20 !
> 4,2 h signifie 4 h et $\dfrac{2}{10}$ d'heure.
> On calcule $\dfrac{2}{10} \times 60$ pour trouver 12 min.

2. Calculer la distance parcourue sur l'autoroute.

Avant d'utiliser la formule adéquate, il faut exprimer le temps de parcours en écriture décimale.

On convertit donc : 1 h 48 min = 1 h + $\dfrac{48}{60}$ h = 1 h + 0,8 h = 1,8 h

On sait que $d = v \times t$, donc $d = 120 \times 1{,}8 = 216$.
La distance parcourue sur l'autoroute est de **216 km.**

3. Calculer la vitesse moyenne sur l'ensemble du voyage.

On utilise la formule de la vitesse moyenne. Il n'est pas possible de faire la moyenne des deux vitesses (65 et 120), car les durées des parcours correspondants ne sont pas égales.

$v = \dfrac{\text{distance totale}}{\text{durée totale}}$ donc $v = \dfrac{216 + 273}{1{,}8 + 4{,}2} = \dfrac{489}{6} = 81{,}5$.

La vitesse moyenne sur l'ensemble du voyage est de **81,5 $km.h^{-1}$.**

s'exercer

1 Complétez les phrases suivantes après avoir effectué les calculs nécessaires.

a. Il faut deux heures et demi en TGV pour relier Valence à Paris à une vitesse moyenne de 240 km.h^{-1}. La distance qui sépare ces deux villes est donc de .... km.

b. Pendant l'été, Nicolas va rejoindre un ami qui habite à 90 km de distance. Il utilise sa mobylette et fait le voyage en deux étapes d'une heure et demi. Il roule donc à une vitesse moyenne de .... km.h^{-1}.

2 Vacances au bord de la mer

Alain parcourt 280 km en voiture, tandis que Brice roule sur 120 km en scooter. Charlie, quant à lui, fait 60 km en vélo.
Voici un graphique représentant les différents parcours.

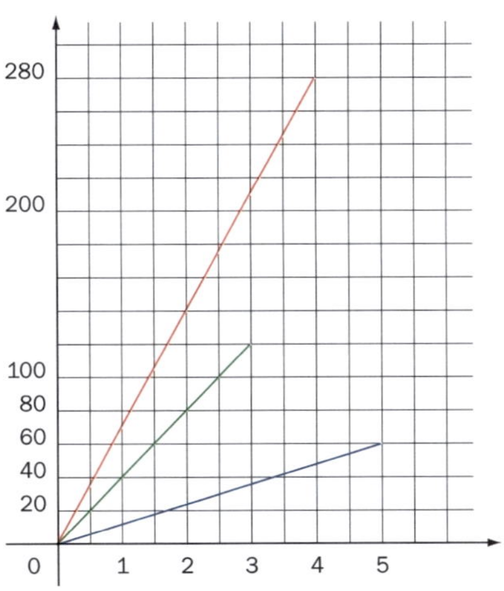

Associez à chaque personne la couleur du trajet qui lui correspond et déterminez sa vitesse par lecture graphique.

	Alain	Brice	Charlie
Couleur du trajet			
Vitesse en km.h^{-1}			

3 Complétez les changements d'unités :

a. 32 m.s^{-1} = ... m.h^{-1} = ... km.h^{-1}.

b. 165 km.h^{-1} = ... m.h^{-1} = ... m.s^{-1}.

c. 4500 m.s^{-1} = ... km.h^{-1}.

d. 1,25 m.min^{-1} = ... km.h^{-1}.

4 Complétez le tableau suivant :

Distance	Durée	Vitesse
2 100 km	3 h 30 min	...... km.h^{-1}
6 700 m	.... s	42 m.s^{-1}
.... m	460 s	0,09 m.s^{-1}
75 000 m	4 h 26 min	...... m.min^{-1}

5 Randonnée cycliste

Joanna et Lucas ont fait en VTT la même randonnée de 72 km. Joanna a d'abord parcouru 30 km à 15 km.h^{-1}, puis elle s'est arrêtée pendant 3 h. Elle a terminé le parcours 8 h après le début de la randonnée. Lucas, lui, a fait le circuit en une seule étape, à une vitesse moyenne de 12 km.h^{-1}.

a. Représentez le parcours de Joanna sur un graphique, en prenant en abscisse 1 cm pour une heure et en ordonnée, 1 cm pour 10 km.

b. Calculez la vitesse moyenne de Joanna pendant la deuxième étape.

....

c. Calculez la vitesse moyenne de Joanna sur l'ensemble du parcours.

....

....

d. Combien de temps Lucas a-t-il roulé ?

....

e. Représentez le parcours de Lucas sur le graphique où figure déjà celui de Joanna.

19

Fréquences et graphiques

l'essentiel

■ **Fréquence d'une valeur =** $\dfrac{\textbf{effectif pour cette valeur}}{\textbf{effectif total}}$

La fréquence d'une valeur est inférieure à 1.
La somme des fréquences est égale à 1.
On peut donner la fréquence en pourcentage (par exemple, 0,25 s'écrit aussi 25 %).

■ **Représentation graphique**

Pour représenter une série statistique, on utilise de préférence :
- le diagramme en bâtons pour des valeurs isolées du caractère ;
- l'histogramme pour des valeurs du caractère regroupées par classe ;
- le diagramme circulaire ou semi-circulaire pour représenter des fréquences.

Les hauteurs des bâtons et les mesures des angles sont proportionnelles aux effectifs.

exemples commentés

Construire un tableau de classes et calculer une fréquence

À la suite du passage des 28 élèves de 4e C à la visite médicale, le médecin scolaire a rempli un tableau avec les tailles des élèves et les effectifs correspondants. Faire un tableau donnant cette répartition en classes d'amplitude 10 cm et calculer la fréquence de chaque classe.

Taille en cm	152	156	159	161	163	167	169	170	174
Effectif	2	4	1	2	6	3	5	1	4

Tailles T en cm	150 ⩽ T < 160	160 ⩽ T < 170	170 ⩽ T < 180
Effectifs	7	16	5
Fréquence (%)	**25**	**57**	**18**

Pour la classe 170 ⩽ T < 180, on ajoute les effectifs des colonnes allant de 170 à 180, 170 cm compris et 180 cm non compris.

Pour la fréquence, on utilise la formule du cours : $\frac{5}{28} \approx 0{,}18$, soit 18 %.

Tracer un diagramme

Nathalie a fait une enquête dans son collège pour répertorier les moyens de transport utilisés par les élèves. Compléter le tableau, puis tracer un diagramme circulaire correspondant.

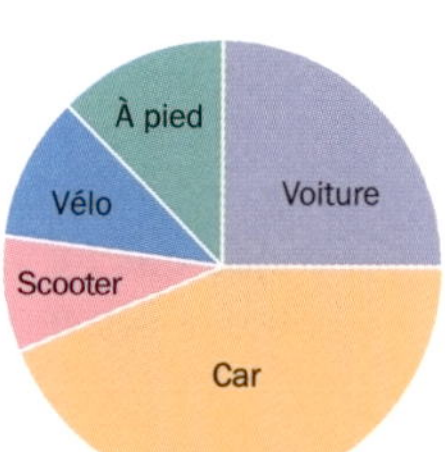

On complète le tableau de proportionnalité en sachant que les 480 élèves sont représentés par un angle au centre de 360°.

Un élève est représenté par un angle de $\frac{360}{480}$, soit 0,75°.

	voiture	car	scooter	vélo	à pied	Total
Effectif	120	210	40	50	60	480
Angle	90°	157,5°	30°	37,5°	45°	360°

$\times \frac{360}{480}$

Exemple : calcul de l'angle pour le trajet en voiture : $120 \times \frac{360}{480} = 90°$.

s'exercer

1 Club de tennis

On a relevé les mois de naissance des joueurs d'un club de tennis et établi le tableau suivant :

Mois	janvier	février	mars	avril	mai	juin	juillet	août	septembre	octobre	novembre	décembre
Nombre de joueurs	15	21	25	24	19	24	21	18	18	23	16	14

À partir de ce tableau, complétez le tableau de classes (une classe correspond à un trimestre).

Trimestre	1er	2e	3e	4e
Nombre de joueurs				

2 Écologie

On donne dans le tableau ci-dessous le montant des crédits alloués par différents pays pour le développement des énergies renouvelables, dans le but de tracer un diagramme circulaire.

Pays	Allemagne	Danemark	Finlande	France	Angleterre	Suède
Crédits alloués en millions de dollars	1200	180	50	130	330	240
Fréquences						
Angles						

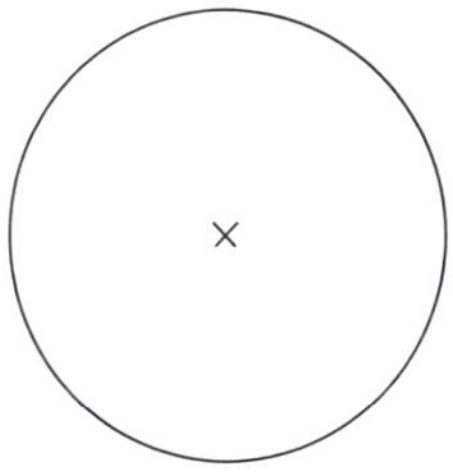

a. Calculez la fréquence et l'angle représentant la France :

b. Effectuez les autres calculs au brouillon, complétez le tableau et tracez le diagramme.

3 Coupe du monde de football

Le tableau ci-dessous donne les pays vainqueurs de la coupe du monde de foot depuis sa création.

Années	1930	1934	1938	1950	1954	1958	1962	1966	1970	1974	1978	1982	1986	1990	1994	1998	2002
Pays	Uruguay	Italie	Italie	Uruguay	Allemagne	Brésil	Brésil	Angleterre	Brésil	Allemagne	Argentine	Italie	Argentine	Allemagne	Brésil	France	Brésil

On s'intéresse au nombre de fois où un pays a gagné la coupe du monde.
Représentez ce phénomène par un diagramme en bâtons en prenant 1 cm pour une victoire.

4 Salaires

On a fait une enquête sur les salaires en euros des membres du personnel d'une entreprise. Le résultat, donné en pourcentage, est résumé sur l'histogramme ci-contre :

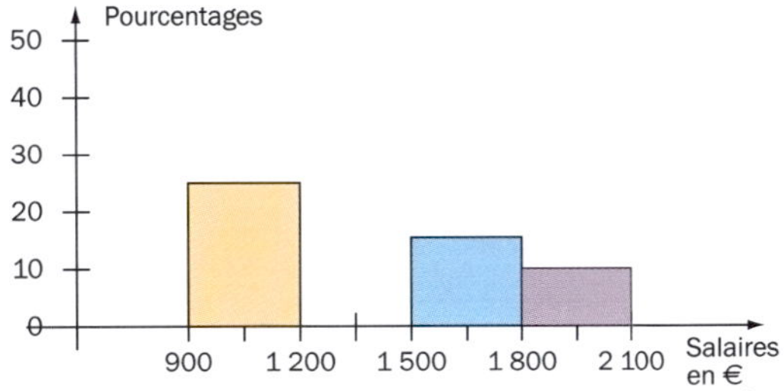

a. Quel est le pourcentage des personnes qui gagnent entre 900 et 1200 € ?

b. On a oublié de représenter le pourcentage des personnes qui gagnent entre 1200 et 1500 €. Calculez ce pourcentage, puis complétez l'histogramme.

Effectifs et fréquences cumulés

l'essentiel

Effectifs cumulés

- L'effectif cumulé croissant d'une valeur correspond à la somme de l'effectif de cette valeur et des effectifs des valeurs inférieures.
- L'effectif cumulé décroissant d'une valeur correspond à la somme de l'effectif de cette valeur et des effectifs des valeurs supérieures.

Fréquences cumulées

- La fréquence cumulée croissante (décroissante) d'une valeur correspond au quotient de l'effectif cumulé croissant (décroissant) de cette valeur par l'effectif total.

exemples commentés

Calculer des effectifs cumulés

Un professeur a corrigé 25 devoirs et obtenu les notes suivantes : 14 ; 9 ; 9 ; 10 ; 17 ; 11 ; 9 ; 11 ; 10 ; 7 ; 9 ; 9 ; 14 ; 3 ; 11 ; 17 ; 12 ; 7 ; 12 ; 13 ; 7 ; 13 ; 17 ; 12 ; 7.

a. Faire un tableau avec les effectifs et les effectifs cumulés croissants.

b. Déterminer le nombre d'élèves ayant eu 13 ou moins.

c. Déterminer le nombre d'élèves n'ayant pas obtenu la moyenne.

Notes	3	7	9	10	11	12	13	14	17
Effectifs	**1**	**4**	**5**	2	3	3	(2)	2	3
Effectifs cumulés	1	5	**10**	12	15	(18)	**20**	22	25

Sur la première ligne, on range les notes dans l'ordre croissant.

On doit obtenir l'effectif total, puisque tous les élèves ont une note ⩽ 17.

Pour trouver le nombre d'élèves qui ont eu 9 ou une note inférieure à 9, on additionne les effectifs correspondant aux valeurs ⩽ 9. 1 + 4 + 5 = 10.

Pour trouver le nombre d'élèves qui ont eu une note inférieure ou égale à 13, on peut ajouter l'effectif de la valeur à l'effectif cumulé de la valeur précédente : 2 + 18 = 20.

b. **20 élèves** ont eu 13 ou moins.

c. **10 élèves** n'ont pas eu la moyenne.

Calculer des fréquences cumulées

Ce tableau donne le montant de l'argent de poche reçu mensuellement par des jeunes. Le compléter avec les fréquences et fréquences cumulées décroissantes, en pourcentage.

Montant A en €	0 ⩽ A < 10	10 ⩽ A < 20	20 ⩽ A < 30	30 ⩽ A < 40	TOTAL
Effectifs	6	22	10	12	50
Fréquences (%)	12	44	(20)	24	100
Fréquences cumulées décroissantes (%)	**100**	88	**44**	(24)	

Pour les fréquences cumulées décroissantes, on part de la droite du tableau.

On doit obtenir « 100 % » puisque tous les jeunes sont pris en compte dans le tableau.

Pour calculer la fréquence cumulée de la classe 20 ⩽ A < 30, on ajoute la fréquence de cette classe (20) à la fréquence cumulée de la classe suivante (24). On obtient : 24 + 20 = 44.
Donc 44 % de ces jeunes reçoivent une somme supérieure ou égale à 20 €.

s'exercer

1 Football

Une équipe de footballeurs est composée de 18 joueurs, dont 6 remplaçants. Voici pour chacun de ces joueurs le nombre de fois où il a joué au cours des 8 derniers matchs.

0 fois	1 fois	2 fois	3 fois	4 fois	5 fois	6 fois	7 fois	8 fois
Paul		Gaël Jean	Alain ; Mike Andrew		Mathieu	Manuel	Ahmed ; Simon Brice	Yacine ; David ; Johan Pierre ; Julien ; Tom ; Fred

a. Présentez ces données dans un tableau d'effectifs et effectifs cumulés croissants

	0 fois	1 fois	2 fois	3 fois	4 fois	5 fois	6 fois	7 fois	8 fois
Effectifs									
Effectifs cumulés									

b. Tracez un diagramme en bâtons représentant les effectifs cumulés, en prenant, en abscisse, 1 cm pour 1 participation au match et, en ordonnée, 1 cm pour 2 joueurs.

2 Fête des mères

L'histogramme ci-contre donne les résultats d'une enquête sur la somme d'argent S que les élèves d'une classe sont prêts à dépenser pour la Fête des Mères.

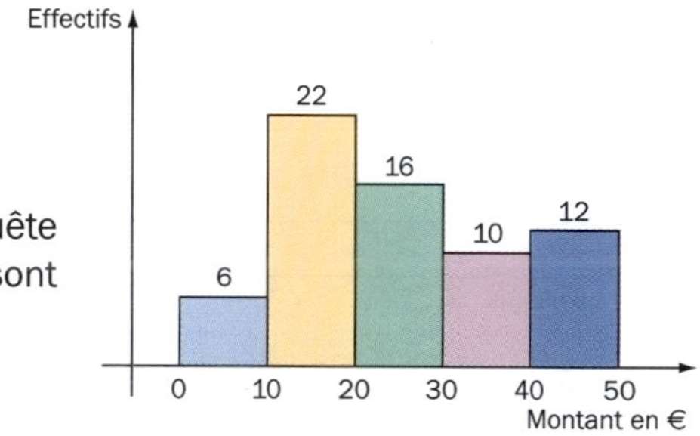

a. Complétez le tableau ci-dessous.

Somme en euros	$0 \leqslant S < 10$				
Effectifs					
Fréquences (%)					
Fréquences cumulées croissantes (%)					

b. Quel est le pourcentage d'élèves qui ne pourraient pas acheter un parfum à 30 € ?

....

3 Club de tennis

À chaque enfant d'un club de tennis, on a posé la question suivante : « À quelle distance des courts, en kilomètres, habites-tu ? » Les résultats sont présentés ci-dessous.

Distance en kilomètres : d	$0 \leqslant d < 0,5$	$0,5 \leqslant d < 1$	$1,5 \leqslant d < 2$	$2 \leqslant d < 2,5$	$2,5 \leqslant d < 3$
Effectifs	....	....	18	7	....
Effectifs cumulés croissants	9	13	....	....	45

a. Combien y a-t-il d'enfants dans ce club ? ....

b. Complétez le tableau.

21

Moyenne et moyenne pondérée

l'essentiel

Moyenne simple

La moyenne d'une série de valeurs s'obtient en divisant la somme des valeurs par le nombre de valeurs.

Moyenne pondérée

On utilise le terme de « moyenne pondérée » lorsque les valeurs se répètent ou sont affectées d'un coefficient. Pour calculer la moyenne pondérée d'une série de valeurs :
- on multiplie chaque valeur par son coefficient ;
- on additionne les produits ainsi obtenus ;
- on divise cette somme par la somme des coefficients.

exemples commentés

Calculer une moyenne pondérée

Un professeur veut connaître la moyenne des notes obtenues au dernier devoir par les 24 élèves de sa classe : 13 – 12 – 10 – 9 – 15 – 14 – 12 – 14 – 6 – 13 – 6 – 9 – 14 – 12 – 12 – 14 – 10 – 6 – 6 – 18 – 18 – 12 – 15 – 6. Faire un tableau d'effectifs et calculer la moyenne en utilisant la méthode de la moyenne pondérée.

Note	6	9	10	12	13	14	15	18	Total
Effectif	5	2	2	5	2	4	2	2	**24**
Produit de la note par l'effectif	**30**	**18**	**20**	**60**	**26**	**56**	**30**	**36**	**276**

On prépare le calcul de la moyenne pondérée en multipliant chaque note par l'effectif correspondant.

On calcule la moyenne pondérée en divisant la somme des produits par l'effectif total (24).

(**30** + **18** + **20** + **60** + **26** + **56** + **30** + **36**) ÷ 24

= **276** ÷ 24 = **11,5**

La moyenne est donc **11,5**.

La méthode classique consisterait à calculer (13 + 12 + 10 + ... + 15 + 6) ÷ 24. Elle semble plus facile, mais elle est fastidieuse et source d'erreurs, surtout s'il y a beaucoup de notes.

Calculer la moyenne d'une série de classes de valeurs

Après la première journée de soldes, le directeur d'un magasin a établi le bilan, sous forme d'un tableau de classes de prix, des 190 articles vendus. À partir du tableau ci-dessous, calculer une valeur approchée du prix moyen d'un article vendu.

Montant P en €	0 ⩽ P < 30	30 ⩽ P < 60	60 ⩽ P < 90	90 ⩽ P < 120	TOTAL
Nombre d'articles vendus	48	76	41	25	**190**
Centre de classe	**15**	**45**	**75**	**105**	

On calcule le centre de chaque classe de prix en faisant la moyenne des deux valeurs extrêmes de cette classe. (90 + 120) ÷ 2 = 105

Pour calculer le prix moyen d'un article vendu, on calcule la moyenne pondérée des centres de classe. Pour chaque classe, le nombre d'articles vendus joue le rôle de coefficient.

(48 × **15** + 76 × **45** + 41 × **75** + 25 × **105**) ÷ 190 = 9 840 ÷ 190 ≈ **51,8**

Le prix moyen d'un article est environ **51,80 €**.

s'exercer

1 Bulletins annuels

Au mois de mai, Anita et Boris comparent les notes qu'ils ont obtenues aux devoirs surveillés depuis le début de l'année.

• Anita a eu les notes suivantes :
17 – 15 – 13,5 – 14 – 11 – 18 – 16,5 – 14 – 13 – 16.

• Quant à Boris, il a obtenu :
16 – 15 – 14 – 12 – 16 – 15 – 10 – 16 – 14 – 17.

a. Calculez la moyenne d'Anita.

b. Calculez la moyenne de Boris.

c. Boris, un peu vexé d'avoir une moyenne inférieure à celle d'Anita, lui dit : « Même si tu as 17 au dernier devoir, je peux encore avoir la même moyenne que toi à la fin de l'année. »
Est-ce vrai ? Si oui, quelle note doit-il avoir à ce dernier devoir ?

2 Moyenne d'âges

La moyenne d'âge des 22 élèves de 6ᵉ B est de 12,1. Celle des 30 élèves de 3ᵉ B est 15,7. On regroupe tous ces élèves dans la salle polyvalente pour un film. Quelle est la moyenne d'âge des spectateurs ?

3 Budgets de vacances

On a interrogé 100 familles sur le budget annuel qu'elles consacrent à leurs vacances.
Utilisez le tableau ci-dessous pour calculer une valeur approchée du budget annuel moyen consacré aux vacances.

Budget B en €	Effectif	Centre de classe	Produit
$0 \leqslant B < 600$	8		
$600 \leqslant B < 1200$	10		
$1200 \leqslant B < 1800$	32		
$1800 \leqslant B < 2400$	34		
$2400 \leqslant B < 3000$	14		
$3000 \leqslant B < 3600$	2		
TOTAL			

4 Cadeaux de Noël

Au moment de Noël, on trouve la même console de jeu dans quatre catalogues de vente par correspondance. Voici les prix de vente en euros et les quantités vendues.

Catalogue	Prix de vente	Nombre de consoles vendues
JOLIJOUET	217	65
INTERJEUX	222	17
VIDEOLIX	219,5	38
MAT-EXTRA	223	15

a. Calculez la moyenne des prix proposés pour l'achat d'une console.

b. Calculez le prix moyen des consoles vendues.

ACTIVITÉS GÉOMÉTRIQUES

22 Initiation à la démonstration 54

23 Droite des milieux 56

24 Triangles et parallèles 58

25 Médiatrice et cercle circonscrit 60

26 Hauteurs et bissectrices d'un triangle 62

27 Médianes d'un triangle 64

28 Triangle rectangle : cercle circonscrit 66

29 Théorème de Pythagore 68

30 Réciproque du théorème de Pythagore 70

31 Cosinus d'un angle aigu 72

32 Distance et tangente 74

33 Translation 76

34 Prismes droits et cylindres de révolution 78

35 Pyramides 80

36 Cônes 82

37 Volumes 84

Solution de « Optique » : Attention aux illusions d'optique ! La figure rouge est bien carrée et les deux segments verts sont égaux.

Infos et découverte

Histoire

Utiliser le théorème de Pythagore sans le savoir

Pythagore était un philosophe grec au IVe siècle avant J.-C.
Aujourd'hui, il est célèbre au collège pour le théorème qui porte son nom et qui est, notamment, très utile en architecture et en construction pour le calcul de certaines mesures.
Par exemple, les maçons égyptiens savaient tracer un angle droit avec une simple corde à nœuds réguliers, comme le montre l'illustration ci-dessous.
Sans le savoir, ils utilisaient un cas très particulier du théorème de Pythagore : $5^2 = 4^2 + 3^2$. À notre époque, certains carreleurs utilisent encore ce moyen simple et efficace pour vérifier leurs angles droits.

Activité

Avoir du bol

Placez un bol à l'envers sur une feuille de papier et dessinez son contour.
Comment en trouver le centre sans mesurer ni utiliser un compas ?
Prenez une équerre. Placez-la de façon à ce que le sommet de l'angle droit soit sur le cercle et que les deux côtés qui forment l'angle droit coupent le cercle en un point A et en un point B. Tracez le segment [AB]. Puis déplacez l'équerre (le sommet de l'angle droit toujours sur le cercle) et recommencez l'opération. Le point d'intersection des deux segments ainsi tracés est le centre du cercle.
Vous pouvez vérifier à l'aide d'un compas.
La leçon n° 28 vous permettra de comprendre…

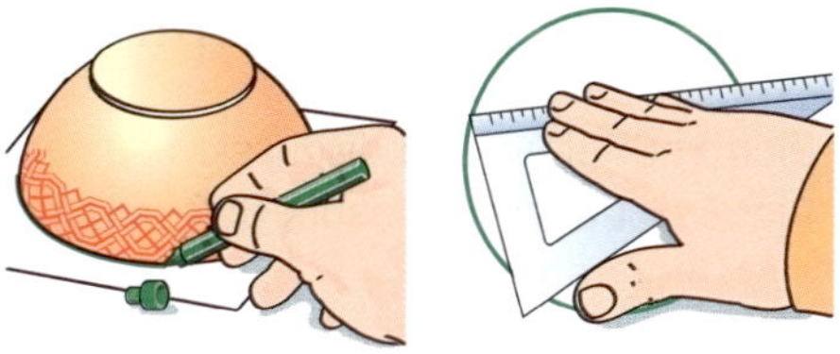

Ne pas se fier aux apparences

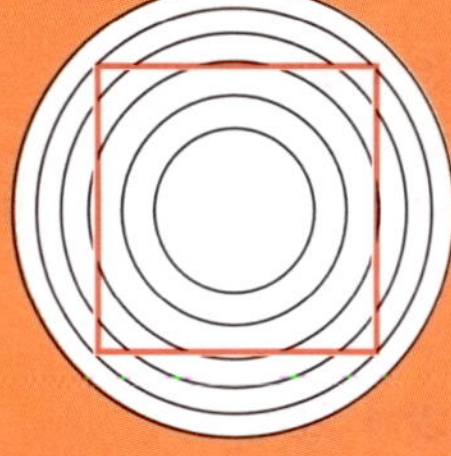

La figure rouge est-elle un carré ?

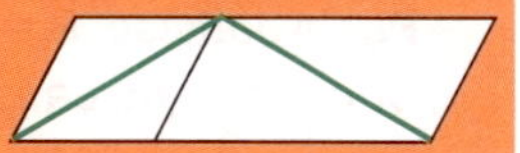

Quel est le plus grand des deux segments ?

22

Initiation à la démonstration

l'essentiel

■ **Les étapes de la réflexion**

1. On lit l'énoncé et on repère la conclusion à démontrer.

2. On essaie de trouver une propriété du cours qui amène à la conclusion cherchée et on vérifie que les conditions d'application (hypothèses) sont respectées.
Si ce n'est pas le cas, on cherche une autre propriété.

■ **Les étapes de la rédaction**

1. On récapitule à côté de la figure ce que nous dit l'énoncé : ce sont les hypothèses.

2. On rédige la démonstration proprement dite en reliant les hypothèses avec les définitions, propriétés ou théorèmes du cours que l'on utilise pour arriver à la conclusion.
On pourra utiliser les expressions suivantes :
- pour introduire les hypothèses, les définitions, les propriétés ou les théorèmes : « par hypothèse,... », « d'une part..., d'autre part... », « on sait que... », « or... », « d'après la définition... »
- Pour introduire la conclusion finale ou les conclusions intermédiaires : « donc... », « par conséquent... », « d'où... », « on en conclut... », « on peut affirmer... ».

exemple commenté

« Mesurer » n'est pas prouver

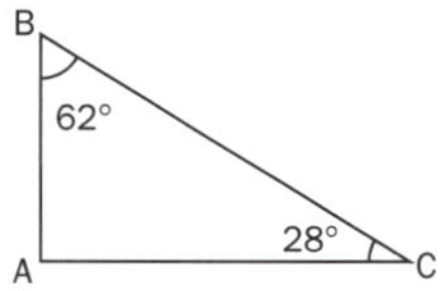

Pierre et Betty ont la discussion suivante au sujet de la figure ci-contre :
Pierre : « L'angle $\widehat{A}$ mesure 89° car c'est ce que je trouve en mesurant avec mon rapporteur ».
Betty : « L'angle $\widehat{A}$ mesure 90° car, dans un triangle, la somme des angles est égale à 180° (je l'ai appris en cours) et ici 180° – (62° + 28°) = 90°.»
Le professeur explique que seule Betty a raison car :
« – elle a utilisé une propriété toujours vraie ;
– en mathématiques, une mesure ne constitue pas une preuve. »

À partir des propos de Betty, rédiger la démonstration.

■ **1re étape :** il faut relever les hypothèses.

Hypothèses : ABC est un triangle tel que $\widehat{B} = 62°$ et $\widehat{C} = 28°$.

■ **2e étape :** on rédige soigneusement.

Par hypothèse, $\widehat{B} = 62°$ et $\widehat{C} = 28°$. ◁ On cite les hypothèses.

Or **on sait que** dans un triangle, la somme des angles est égale à 180°. ◁ On énonce la propriété du cours qui s'applique.

$\widehat{A} + \widehat{B} + \widehat{C} = 180°$

Donc $\widehat{A} = 180° - (\widehat{B} + \widehat{C})$

$\widehat{A} = 180° - (62° + 28°)$ ◁ On utilise les données numériques de l'énoncé.

$\widehat{A} = 180° - 90°$

$\widehat{A} = 90°$

L'angle $\widehat{A}$ mesure **90°**. ◁ On conclut.

s'exercer

1 **ABCD est un carré. Soient I, un point de [AB], et J, un point de [BC], tels que la droite (IJ) soit parallèle à la droite (AC). On veut démontrer que (IJ) et (BD) sont perpendiculaires.**

a. Complétez la figure suivante et marquez les hypothèses.

Hypothèses :

....

....

....

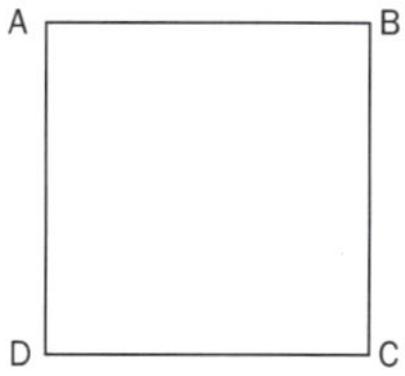

b. Complétez l'organigramme de la démonstration, en écrivant les règles utilisées aux étapes ① et ②.

ABCD est un carré

↓ ① ....

....

(AC) et (BD) sont perpendiculaires — (IJ) est parallèle à (AC)

② ....

....

→ (IJ) et (BD) sont perpendiculaires

2 **𝒞 et 𝒞' sont deux cercles de même centre O. On place quatre points B, L, A et U non alignés de telle façon que [LU] soit un diamètre de 𝒞 et [BA] un diamètre de 𝒞'.**

On veut démontrer que le quadrilatère BLAU est un parallélogramme. Complétez le texte ci-dessous avec les mots de liaison et la règle qui conviennent, après avoir fait une figure au brouillon pour vous repérer.

.... [LU] est un diamètre du cercle 𝒞 de centre O .... O est le milieu de [LU].

.... [BA] est un diamètre du cercle 𝒞' de centre O .... O est le milieu de [BA].

.... O est le milieu des diagonales [LU] et [BA] du quadrilatère BLAU.

.... on sait que : ....

....

........, ... le quadrilatère BLAU est un parallélogramme.

3 **ABC est un triangle. La bissectrice de l'angle $\widehat{A}$ coupe [BC] en I. D est le point de la droite (AI) tel que : (CD) // (AB).**

Après avoir dessiné la figure et indiqué les hypothèses, démontrez que DAC est isocèle, en ordonnant les 9 phrases suivantes.

a. D'autre part, les droites (AB) et (CD) sont parallèles.
b. Par conséquent, ADC est un triangle isocèle.
c. On peut en conclure que les angles $\widehat{IDC}$ et $\widehat{IAC}$ ont la même mesure.
d. De plus, (AI) est la bissectrice de l'angle $\widehat{A}$.
e. D'une part, la droite (AI) coupe les droites (AB) et (CD) en A et D.
f. Or, si un triangle a deux angles de même mesure alors c'est un triangle isocèle.
g. Donc les angles $\widehat{BAI}$ et $\widehat{IDC}$ sont alternes-internes.
h. Donc les angles $\widehat{BAI}$ et $\widehat{IAC}$ ont la même mesure.
i. Donc les angles alternes-internes $\widehat{BAI}$ et $\widehat{IDC}$ ont la même mesure.

....

23

Droite des milieux

l'essentiel

- Si une droite passe par les milieux de deux des côtés d'un triangle, alors elle est parallèle au troisième côté.

- Si un segment joint les milieux de deux côtés d'un triangle, alors il mesure la moitié de la longueur du troisième côté.

(IJ) // (BC)

$IJ = \frac{BC}{2}$

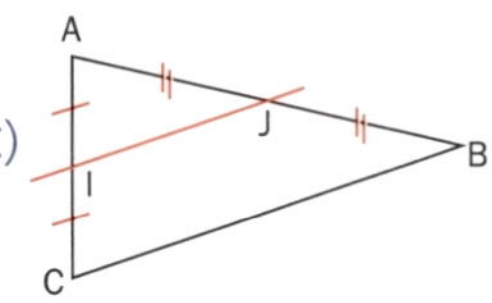

- Si une droite passe par le milieu d'un côté d'un triangle et si elle est parallèle à un deuxième côté, alors elle passe par le milieu du troisième côté.

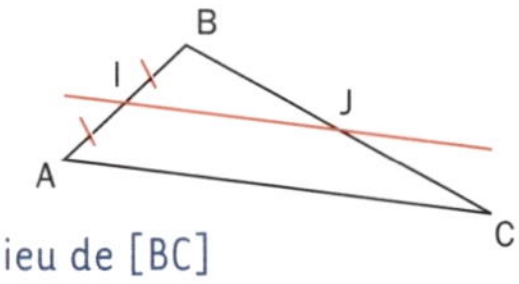

J est le milieu de [BC]

exemple commenté

Utiliser les théorèmes des droites des milieux

L'unité de longueur est le centimètre. Soit ABC un triangle tel que AB = 4,6, AC = 5 et BC = 3. On appelle I et J les milieux respectifs des côtés [AB] et [AC]. Soit K un point du côté [BC]. Les segments [IJ] et [AK] se coupent en L.

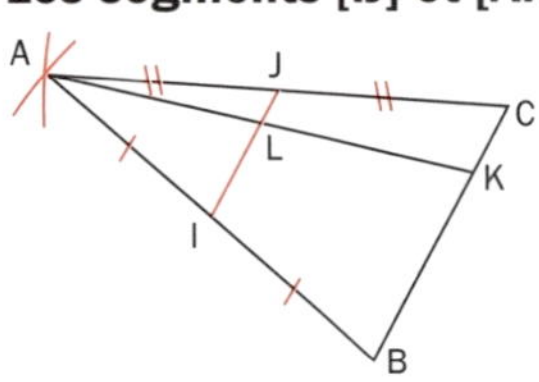

Hypothèses
AB = 4,6 ; AC = 5 ; BC = 3
I milieu de [AB] et J milieu de [AC].
[IJ] et [AK] se coupent en L.

◁ On commence toujours par construire la figure et écrire les hypothèses.

1. Calculer la longueur du segment [IJ].

Par hypothèse, I et J sont les milieux respectifs de [AB] et [AC].
Dans le triangle ABC, le segment [IJ] joint **donc** les milieux de deux côtés.
Par conséquent, il mesure la moitié de la longueur du troisième côté [BC].
Or BC = 3, **d'où** $IJ = \frac{BC}{2} = \frac{3}{2} = 1{,}5$. Le segment [IJ] mesure 1,5 cm.

◁ On rappelle les hypothèses qui permettent l'utilisation du théorème.

2. Démontrer que (IJ) et (BC) sont parallèles.

D'après les hypothèses, I et J sont les milieux respectifs des côtés [AB] et [AC] du triangle ABC,
donc la droite (IJ) est parallèle au côté [BC].
Par conséquent, elle est aussi parallèle à la droite (BC).

◁ On procède comme à la question précédente, en utilisant cette fois le premier théorème.

3. Démontrer que L est le milieu de [AK].

D'après la question précédente, la droite (IJ) est parallèle à la droite (BC). **Or** les points B, C et K sont alignés, **donc** la droite (IJ) est aussi parallèle au côté [BK] du triangle ABK.
De plus, elle passe par le milieu du côté [AB] de ce même triangle.
Par conséquent, la droite (IJ) passe par le milieu du côté [AK],
donc L est le milieu du segment [AK].

◁ On utilise les résultats de la question précédente.

◁ On se place dans un nouveau triangle : le triangle ABK.

s'exercer

1 **On considère la figure suivante :**

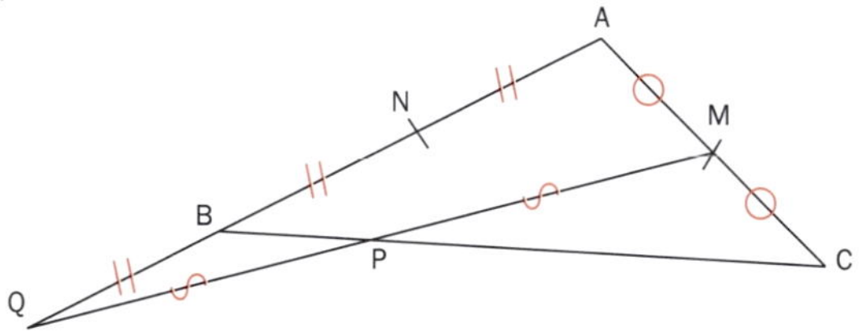

a. **Citez la règle que vous appliquez pour pouvoir compléter les égalités suivantes.**

....

....

MN = $\frac{...}{...}$ BC dans le triangle ....

....

....

BP = $\frac{...}{...}$ MN dans le triangle ......

b. **Déduisez-en une relation entre BP et BC.**

BP = $\frac{...}{...}$ BC

2 **ABC est un triangle et I est le milieu de [BC].**

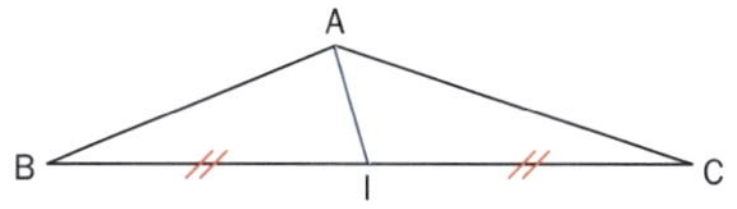

a. Tracez la parallèle à (AI) qui passe par B : elle coupe (AC) en E.

b. Tracez la parallèle à (AI) qui passe par C : elle coupe (AB) en D.

c. Démontrez que A est le milieu de [CE].

....

....

....

d. Quelle est la nature du quadrilatère BCDE ? Justifiez votre réponse.

....

....

3 **Soit un cercle $\mathscr{C}$ de centre O et de diamètre [AB] et un point M qui n'appartient ni au cercle ni à la droite (AB).**

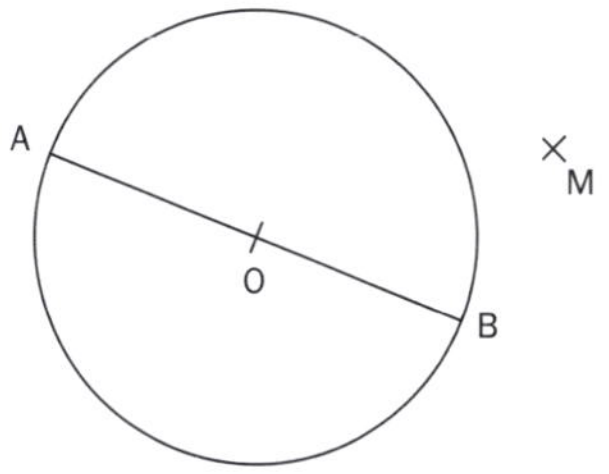

a. En utilisant uniquement une règle graduée construire la parallèle à la droite (OM) passant par B.

b. Énoncer la propriété utilisée.

....

....

4 **Dans la figure ci-après, I et K sont les milieux respectifs des segments [AB] et [AC], H est le pied de la hauteur issue de A du triangle ABC et la droite (IK) coupe [AH] en J.**

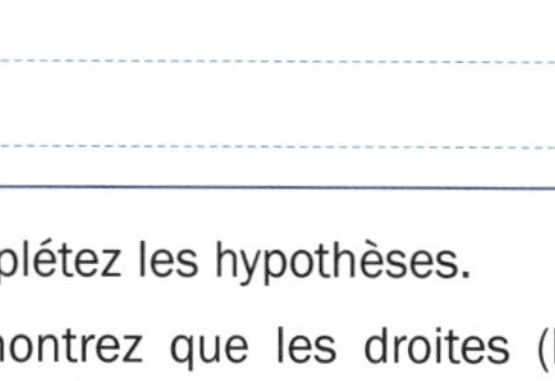

Hypothèses :

....

....

a. Complétez les hypothèses.

b. Démontrez que les droites (IK) et (BC) sont parallèles.

....

....

c. Démontrez que J est le milieu du segment [AH], puis déduisez-en que (IK) est la médiatrice de [AH].

....

....

24 Triangles et parallèles

l'essentiel

Théorème

Dans un triangle ABC, si M est un point du côté [AB] et N est un point du côté [AC] et si [MN] est parallèle à [BC], alors $\frac{AM}{AB} = \frac{AN}{AC} = \frac{MN}{BC}$.

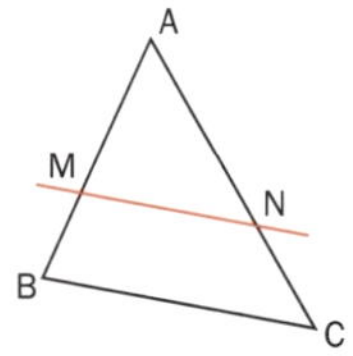

Conséquence

L'égalité ci-dessus signifie que les longueurs des côtés des triangles AMN et ABC sont proportionnelles.

Utilisation

Ce théorème permet de calculer des longueurs.

exemple commenté

Utiliser le théorème dans un cas concret

La figure ci-contre représente Agnès admirant le phare des Baleines sur l'île de Ré. Agnès mesure 1,65 m.
Agnès et le phare sont tous deux perpendiculaires au sol, c'est-à-dire (BD) et (EC) sont perpendiculaires à (AC).
Les points A,B et C sont alignés, ainsi que les points A, D et E.
Les segments [AB] et [BC] mesurent respectivement 5 m et 155 m.
Calculer la hauteur du Phare des Baleines.

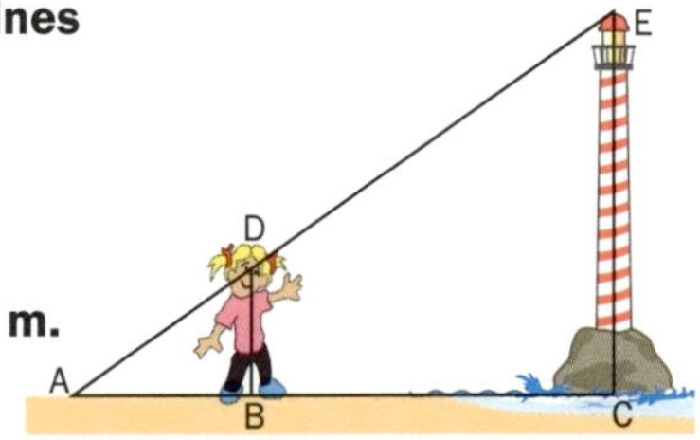

Calculer la hauteur du phare revient à calculer CE.
Hypothèses : (BD) ⊥ (AC) et (EC) ⊥ (AC)
AB = 5 ; BC = 155 ; BD= 1,65.
D'après les hypothèses, (BD) et (EC) sont perpendiculaires à (AC), donc la droite (BD) est parallèle à (EC).

◁ On démontre que (BD) et (EC) sont parallèles afin de pouvoir appliquer le théorème.

Dans le triangle AEC, B est un point du côté [AC] et la parallèle à (EC) qui passe par B coupe [AE] en D,

donc on peut écrire : $\frac{AB}{AC} = \frac{AD}{AE} = \frac{BD}{CE}$.

◁ On retrouve aux numérateurs les longueurs des côtés d'un triangle et aux dénominateurs celles de l'autre triangle.

En particulier, $\frac{AB}{AC} = \frac{BD}{CE}$.

◁ On repère les rapports qui contiennent la longueur recherchée et les longueurs connues.

Or AC = AB + BC = 5 + 155 = 160,

donc $\frac{5}{160} = \frac{1,65}{CE}$

$5 \times CE = 160 \times 1,65$

$CE = \frac{264}{5} = 52,8$

◁ On utilise le produit en croix dans l'égalité retenue, puis on résout l'équation obtenue.

Le phare des Baleines a une hauteur de **52,8 m**.

s'exercer

1 Soit le triangle ABC tel que : M ∈ [AB], N ∈ [AC] et [MN] // [BC].

On donne AN = 5 cm, AC = 8 cm, MN = 3,5 cm et AB = 10,2 cm.
Calculez les longueurs BC et AM.

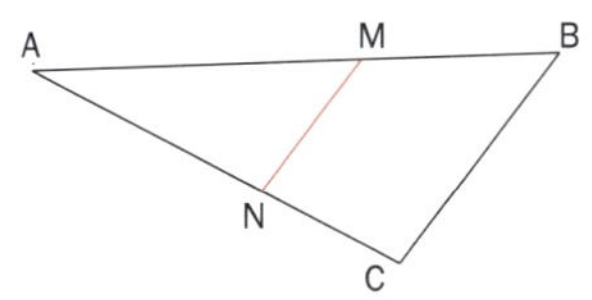

2 On considère la figure suivante, dans laquelle (JF) // (GI) et (JH) // (GE).

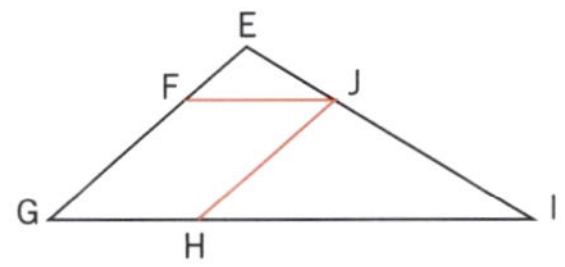

Complétez les égalités suivantes :

a. $\frac{EG}{EF} = \frac{...}{...} = \frac{...}{...}$ b. $\frac{IJ}{...} = \frac{...}{IG} = \frac{HJ}{...}$

3 Triangles inconnus

a. Dans le triangle ✤S❤, les droites (T✏) et (S❤) sont parallèles.

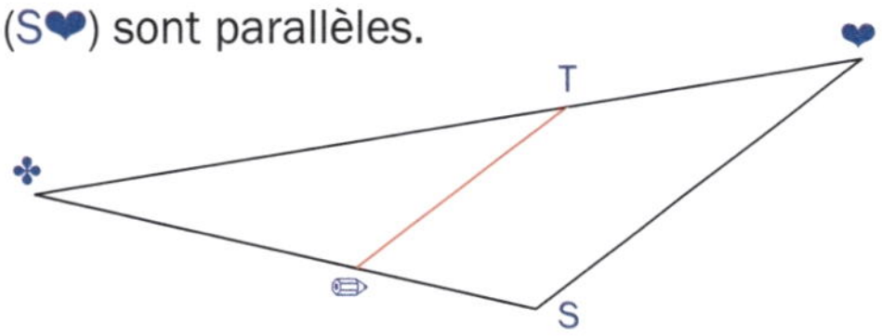

Sachant que $\frac{RT}{RU} = \frac{RP}{RS} = \frac{TP}{SU}$, complétez les égalités suivantes avec le nom des points correspondants :

❤ = ... ✤ = ... ✏ = ...

b. On donne RU = 12 ; RP = 5 ; PS = 4 ; TP = 3. Calculez RT et SU.

4 Autoroute

Pour franchir une zone difficile, l'autoroute passe sur un pont dont le plan est donné ci-après. Le segment [OC] représente la chaussée et les segments [AF] et [BE], les deux piliers, bien évidemment verticaux.
Sachant que les points C et D sont sur la même verticale et que leur différence d'altitude est de 16,5 m, quelle est la hauteur du plus grand pilier ?

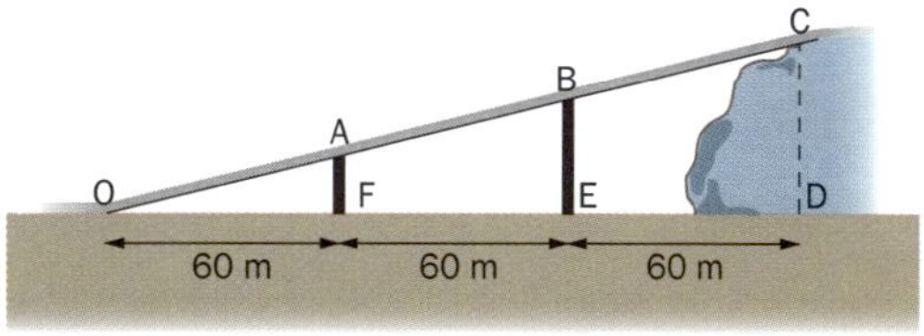

5 Carré

ABCD est un carré de côté 12 cm, placez un point E sur le côté [AD]. Sur la demi-droite [AB), à l'extérieur du carré ABCD, placez le point I tel que BI = ED. Les segments [BC] et [EI] se coupent en F.

1. Calculez BF, sachant que BI = 5 cm.

2. a. On appelle x la longueur commune des segments [ED] et [BI].
Exprimez BF en fonction de x.

b. En remplaçant x par 5 dans l'expression trouvée, vérifiez le résultat de la question a.

25

Médiatrice et cercle circonscrit

l'essentiel

■ Médiatrice d'un segment
La médiatrice d'un segment est la perpendiculaire à ce segment qui passe par son milieu.

Propriétés
Si NA = NB alors N ∈ (d).
Si M ∈ (d) alors MA = MB.

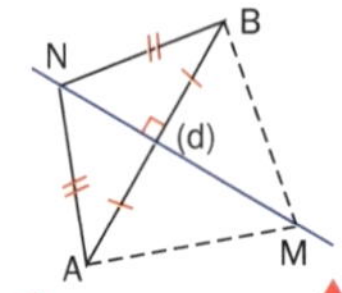

Médiatrice de [AB]

■ Cercle circonscrit à un triangle
Le cercle circonscrit à un triangle est le cercle qui passe par ses trois sommets.
On dit aussi que le triangle est inscrit dans le cercle.

■ Propriété des médiatrices des côtés d'un triangle
Les médiatrices des côtés d'un triangle sont concourantes en un point qui est le centre du cercle circonscrit à ce triangle.

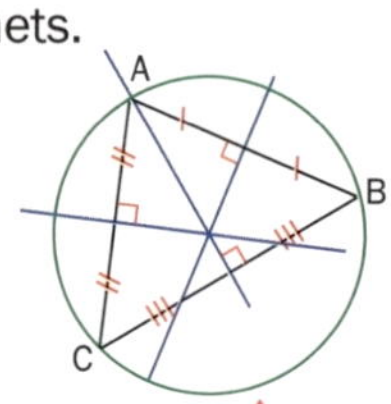

Cercle circonscrit à ABC

exemple commenté

Montrer qu'un point est le centre du cercle circonscrit à un triangle

Soit un triangle ABC et M un point du côté [AB]. Construire les points N et P, symétriques du point M respectivement par rapport à (AC) et (BC), puis démontrer que C est le centre du cercle circonscrit au triangle MNP.

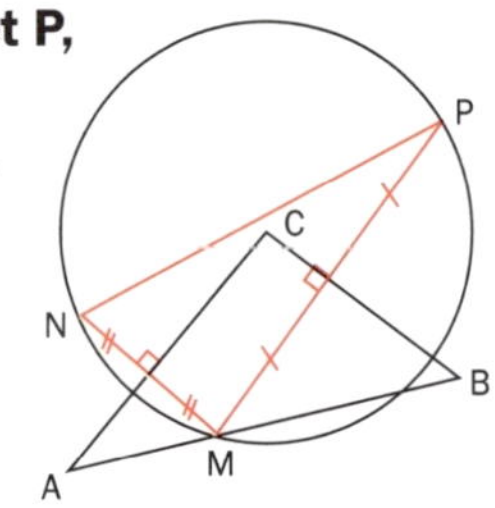

Hypothèses :
N est le symétrique de M par rapport à (AC).
P est le symétrique de M par rapport à (BC).

D'après les hypothèses, M et N sont symétriques par rapport à la droite (AC),
donc (AC) est la médiatrice de [MN].

◁ On démontre que (AC) est la médiatrice de [MN], en utilisant la définition du symétrique d'un point par rapport à une droite.

De même, d'après les hypothèses, M et P sont symétriques par rapport à la droite (BC),
donc (BC) est la médiatrice de [MP].

◁ On démontre de la même façon que (BC) est la médiatrice de [MP].

Par conséquent, les droites (AC) et (BC) sont les médiatrices de deux des côtés du triangle MNP et elles se coupent en C.
Or les médiatrices des côtés d'un triangle sont concourantes en point qui est le centre du cercle circonscrit à ce triangle,
donc le point C est le centre du cercle circonscrit au triangle MNP.

◁ On utilise la propriété des médiatrices des côtés d'un triangle afin de conclure.

s'exercer

1 Construction 1

Construisez un triangle OIE tel que OI = 5 cm, $\widehat{IOE}$ = 62° et $\widehat{OIE}$ = 50°, puis son cercle circonscrit. (Vous devez obtenir un rayon de 2,7 cm.)

2 Construction 2

Construisez un triangle RST tel que RS = 2,5 cm, ST = 4 cm et RT = 5,5 cm, puis son cercle circonscrit (vous obtiendrez un rayon de 3 cm).

3 Triangles isocèles

a. Complétez la figure ci-dessous en construisant deux points C et D tels que les triangles ABC et ABD soient isocèles, respectivement en C et en D.

b. Démontrez que les droites (CD) et (AB) sont perpendiculaires.

4 Médiatrice et triangle isocèle

Soit un cercle $\mathscr{C}$ de centre O.

a. Tracez un triangle ABC inscrit dans ce cercle, de telle façon que O n'appartienne à aucun des côtés du triangle. On appelle I le milieu du segment [BC] et M et N les points d'intersection de la droite (OI) avec le cercle $\mathscr{C}$.

b. Démontrez que la droite (OI) est la médiatrice du segment [BC].

c. Démontrez que le triangle CMB est isocèle en M.

5 Centre de cercle circonscrit

Soient ABC un triangle quelconque et I le milieu du côté [AB]. La parallèle à [AC] qui passe par I coupe [BC] en M. La perpendiculaire à [BC] qui passe par M et la perpendiculaire à [AB] qui passe par I se coupent en O.

Démontrez que le point O est le centre du cercle circonscrit au triangle ABC.

Hauteurs et bissectrices d'un triangle

l'essentiel

■ **Définition d'une hauteur**

Dans un triangle, une hauteur est une droite perpendiculaire à un côté et passant par le sommet opposé à ce côté.

On appelle aussi hauteur le segment [AH] ainsi que la distance AH.

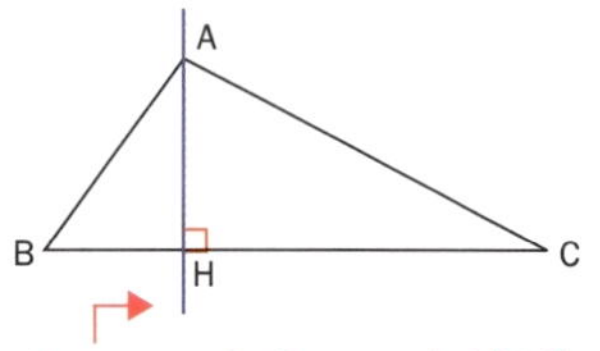

(AH) est la hauteur **relative** au côté [BC] ou encore la hauteur **issue** de A.

■ **Propriétés**

- Les hauteurs d'un triangle sont concourantes (elles passent toutes par un même point).
- Les bissectrices des angles d'un triangle sont concourantes.

exemple commenté

Utiliser les propriétés des hauteurs

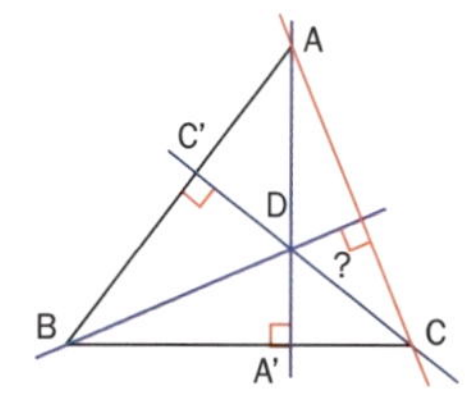

Démontrer que les droites (BD) et (AC) de la figure ci-contre sont perpendiculaires.

Hypothèses : (AA') ⊥ (BC) et (CC') ⊥ (AB)

Dans le triangle ABC, la droite (AA') est perpendiculaire au côté [BC], **donc** c'est la hauteur relative au côté [BC]. ◁ On montre que (AA') et (CC') sont deux hauteurs du triangle ABC.

Pour les mêmes raisons, (CC') est la hauteur relative au côté [AB].

On sait que les hauteurs d'un triangle sont concourantes, **or** les hauteurs (AA') et (CC') se coupent en D. ◁ On utilise la propriété des hauteurs d'un triangle.

D est **donc** le point de concours des hauteurs et la droite (BD) est la troisième hauteur du triangle ABC, la hauteur relative au côté [AC].

La droite (BD) est **donc** perpendiculaire au segment [AC], et **par conséquent** à la droite (AC). ◁ On utilise la définition d'une hauteur dans un triangle.

Utiliser les propriétés des bissectrices

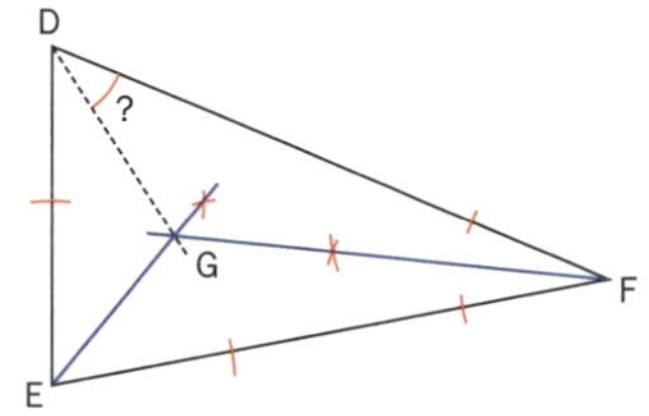

Construire un triangle EDF tel que ED = 4 cm, DF = 5 cm et $\widehat{EDF}$ = 62°. Les bissectrices des angles $\widehat{DEF}$ et $\widehat{EFD}$ se coupent G. Calculer la mesure de l'angle $\widehat{GDF}$.

Hypothèses : ED = 4 cm, DF = 5 cm et $\widehat{EDF}$ = 62°

(EG) bissectrice de $\widehat{DEF}$ et (FG) bissectrice de $\widehat{EFD}$.

On sait que les bissectrices des angles d'un triangle sont concourantes **or** dans le triangle EDF, les bissectrices des angles $\widehat{DEF}$ et $\widehat{DFE}$ se coupent en G. ◁ On utilise le fait que les bissectrices des angles d'un triangle sont concourantes pour montrer que (DG) est la bissectrice de $\widehat{EDF}$.

Par conséquent, G est le point de concours des bissectrices et la droite (DG) est la 3e bissectrice, celle de l'angle $\widehat{EDF}$.

On sait que la bissectrice d'un angle le partage en deux angles égaux. ◁ On utilise la définition de la bissectrice d'un angle.

Donc $\widehat{GDF} = \frac{\widehat{EDF}}{2} = \frac{62°}{2}$ = 31°. L'angle $\widehat{GDF}$ mesure **31°**.

s'exercer

1 **Observez la figure ci-dessous et dites si les affirmations qui la suivent sont vraies ou fausses.**

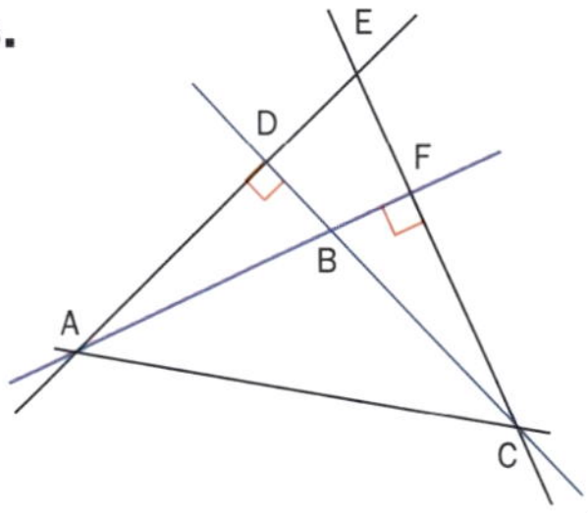

a. (CD) est la bissectrice de l'angle $\widehat{ACE}$.

b. (CD) est la hauteur issue de C du triangle AEC.

c. (CD) est la hauteur issue de C du triangle ABC.

d. (AE) est la hauteur issue de A du triangle ABC.

e. E est le point de concours des hauteurs du triangle ABC.

f. B est le point de concours des hauteurs du triangle AEC.

g. Les droites (BE) et (AC) sont perpendiculaires.

2 **Tracez un triangle ABC tel que AB = 2,5 cm, BC = 4,5 cm et AC = 5,5 cm.**
Construisez à l'aide d'une équerre les hauteurs issues de B et de C, puis avec une règle seulement la hauteur issue de A.

3 **Construction**

Dans la figure ci-dessous, construisez le point E pour que le point I soit le point de concours des bissectrices du triangle EDF.

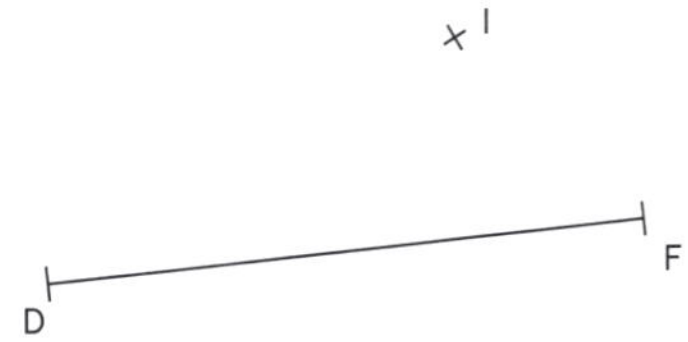

4 **Sur la figure, $\widehat{HAC}$ = 34°, $\widehat{ABI}$ = 26° et les droites (AH) et (BI) sont les bissectrices respectives des angles $\widehat{BAC}$ et $\widehat{ABC}$.**

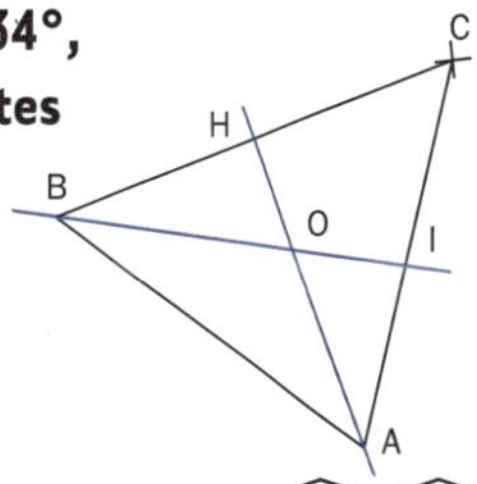

a. Calculez la mesure des angles $\widehat{BAC}$, $\widehat{ABC}$ et $\widehat{ACB}$. ……………………………………

b. Que représente le point O pour le triangle ABC ? ……………………………………

c. Calculez la mesure de l'angle $\widehat{BCO}$.

……………………………………

5 **Losange**

Soit un losange ABCD de centre O tel que AC = 3 cm et AB = 4 cm. La perpendiculaire à (AB) qui passe par C coupe (BD) en I. Démontrez que la droite (AI) est perpendiculaire à (BC).

……………………………………

……………………………………

……………………………………

27 Médianes d'un triangle

l'essentiel

■ Définition d'une médiane

Dans un triangle une médiane est une droite qui passe par un sommet et par le milieu du côté opposé à ce sommet.

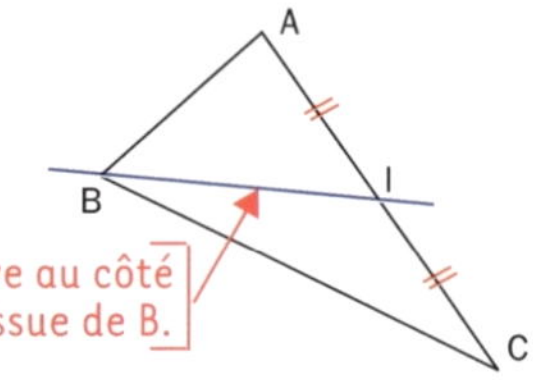

(BI) est la médiane relative au côté [AC], ou encore la médiane issue de B.

> On appelle aussi médiane, le segment [BI] ainsi que la distance BI.

■ Propriétés des médianes d'un triangle

Les médianes d'un triangle sont concourantes.

Leur point de concours est situé au $\frac{2}{3}$ de chacune d'elles en partant du sommet.

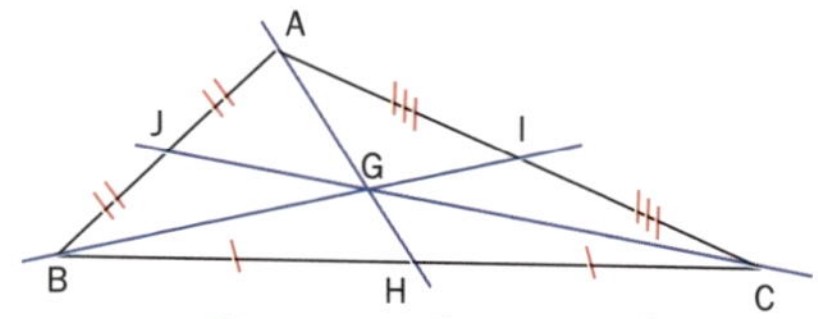

$AG = \frac{2}{3}AH$; $BG = \frac{2}{3}BI$; $CG = \frac{2}{3}CJ$.

exemple commenté

Montrer qu'une droite passe par le milieu d'un segment

Soient deux cercles 𝒞 et 𝒞' de centres respectifs O et O' et se coupant en E et E'. Soient F le point du cercle 𝒞 diamétralement opposé à E et G le point du cercle 𝒞' diamétralement opposé à E.
Les droites (FO') et (GO) se coupent en H.
Démontrer que la droite (EH) coupe le segment [FG] en son milieu.

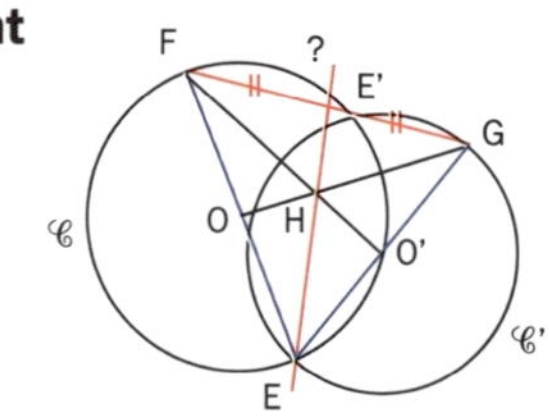

Hypothèses :
[EG] diamètre de 𝒞', [EF] diamètre de 𝒞
(FO') et (GO) se coupent en H.

Par hypothèse, F est le point du cercle 𝒞 diamétralement opposé à E, **donc** O est le milieu du segment [EF].
Pour la même raison O' est le milieu du segment [EG].
D'après ce qui précède les droites (FO') et (GO) sont deux médianes du triangle EFG.

◁ On prouve que O et O' sont respectivement les milieux des côtés [EF] et [EG], afin de montrer que (FO) et (GO) sont des médianes du triangle EFG.

Les médianes (FO') et (GO) se coupent en H. **Or** les médianes d'un triangle sont concourantes,
donc H est le point de concours des médianes du triangle EFG.

◁ On utilise la propriété des médianes.

Par conséquent, la droite (EH), qui passe par le sommet E et par le point H, est la médiane relative au côté [FG] du triangle EFG.

◁ On démontre que (EH) est une médiane.

Or dans un triangle, la médiane relative à un côté passe par le milieu de celui-ci,
donc la droite (EH) coupe [FG] en son milieu.

◁ On utilise la définition d'une médiane et on conclut.

s'exercer

1 Construction 1

a. Tracez un triangle ABC tel que AB = 5 cm, AC = 6 cm et $\widehat{BAC}$ = 43°.

b. Construisez, à l'aide d'une règle non graduée et d'un compas, les médianes issues de A et de B.

c. Construisez, en utilisant uniquement une règle non graduée, la médiane issue de C.

2 Parallélogramme et triangle

a. Construisez un parallélogramme ABCD de centre O et placez le milieu I du côté [BC].

b. Les droites (DI) et (OC) se coupent en G. Que représente le point G pour le triangle BCD ?

c. En utilisant uniquement une règle non graduée, construisez le milieu du côté [CD].

3 Construction 2

a. Tracez, sur une feuille blanche, un segment [AB], de longueur 6 cm.

b. Construisez un point G tel que AG = 4 cm et GB = 3 cm.

c. À l'aide d'une règle graduée, construisez le point C tel que G soit le point de concours des médianes du triangle ABC.

4 Le parallélogramme MATH

Soit MATH un parallélogramme de centre I et soit J le symétrique de A par rapport à T. La droite (IJ) coupe le segment [HT] en K. Démontrez que la droite (AK) passe par le milieu du segment [JH].

5 Distance et périmètre

L'unité de longueur est le centimètre. Soit un triangle ABC tel que AB = 4,5, BC = 2,4 et AC = 6. Soient C' le symétrique de C par rapport à B et I le milieu de [AC]. La droite (C'I) coupe [AB] en G.

a. Que représente le point G pour le triangle ACC'?

b. Calculez AG.

c. La parallèle à (CC') qui passe par G coupe [AC] en H. Calculez le périmètre du triangle AHG.

Triangle rectangle : cercle circonscrit

l'essentiel

Propriété d'un triangle rectangle

- Si un triangle est rectangle, alors son hypoténuse est un diamètre de son cercle circonscrit.

Ou dans la pratique :

- Si le triangle ABC est rectangle en A, alors A appartient au cercle de diamètre [BC].

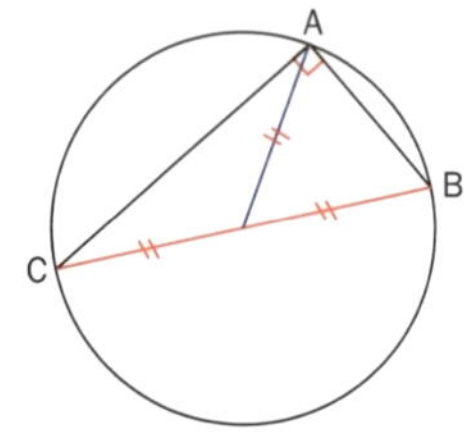

Propriété réciproque

- Si un triangle est inscrit dans un cercle dont un diamètre est l'un de ses côtés, alors ce triangle est rectangle.

Ou dans la pratique :

- Si A appartient au cercle de diamètre [BC], alors le triangle ABC est rectangle en A.

Conséquence

Dans un triangle rectangle, la longueur de la médiane issue du sommet de l'angle droit est égale à la moitié de celle de l'hypoténuse.

exemple commenté

Montrer qu'un point appartient à un cercle et que deux droites sont perpendiculaires

Construire un parallélogramme ABCD de centre O, puis tracer le cercle $\mathcal{C}$ de diamètre [AC]. Ce cercle coupe (AB) en E. On nomme H le pied de la hauteur issue de A du triangle ADC.

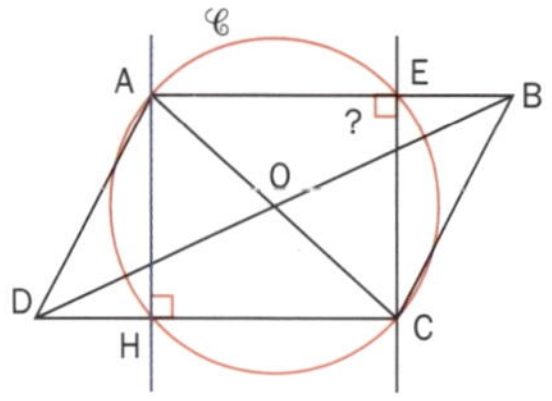

1. Démontrer que H appartient au cercle $\mathcal{C}$.

Hypothèses : ABCD est un parallélogramme de centre O.
$\mathcal{C}$ est un cercle de diamètre [AC].
(AH) hauteur du triangle ADC.

Par hypothèse, (AH) est la hauteur issue de A du triangle ADC, **donc** (AH) est perpendiculaire à (DC) et le triangle AHC est rectangle en H.
Or si un triangle est rectangle, son hypoténuse est un diamètre de son cercle circonscrit,
donc le cercle circonscrit au triangle AHC est le cercle de diamètre [AC], c'est-à-dire le cercle $\mathcal{C}$.
Par conséquent, le point H appartient au cercle $\mathcal{C}$.

◁ On utilise la définition d'une hauteur pour démontrer que AHC est rectangle.

◁ On utilise la propriété de la leçon pour démontrer que $\mathcal{C}$ est le cercle circonscrit au triangle AHC.

2. Démontrer que la droite (CE) est perpendiculaire à la droite (AB).

Par hypothèse, le cercle $\mathcal{C}$, de diamètre [AC], coupe (AB) en E, **donc** le triangle AEC est rectangle en E et la droite (CE) est perpendiculaire à la droite (AB).

◁ On rappelle les conditions d'application de la propriété réciproque, et on applique la propriété réciproque.

s'exercer

1 Construction

Placez le milieu I du côté [AB] du triangle ABC représenté ci-dessous. En n'utilisant qu'un compas, construisez le pied de la hauteur issue de A.

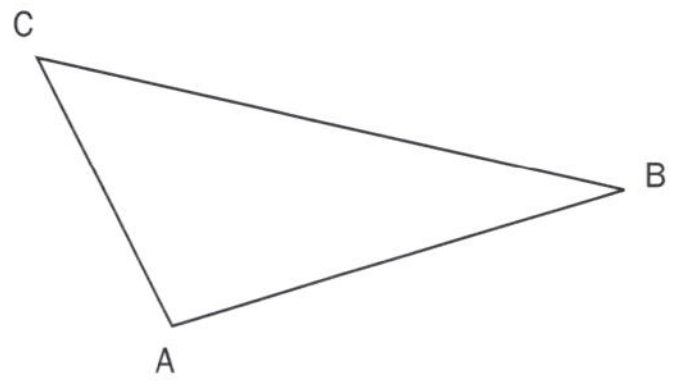

2 Droites parallèles

Dans la figure ci-dessous, B est un point du cercle $\mathscr{C}_1$ de diamètre [AC] et D est un point du cercle $\mathscr{C}_2$ de diamètre [CE]. Les points B, C et D sont alignés, ainsi que les points A, C et E. Démontrez que les droites (AB) et (ED) sont parallèles.

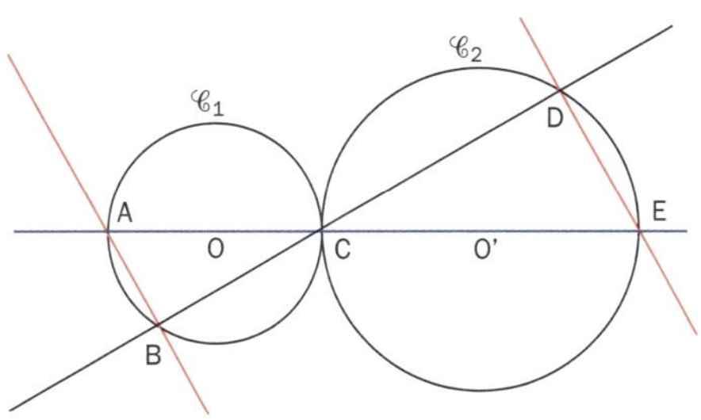

3 Cercles sécants

Deux cercles $\mathscr{C}$ et $\mathscr{C}'$ de centre O et O' se coupent en E et F. La droite (EO) recoupe le cercle de centre O en G, la droite (EO') recoupe le cercle de centre O' en H.

a. Faites la figure sur une feuille blanche.

b. Démontrez que les points G, F et H sont alignés.

4 Soit un triangle ABC. Le cercle $\mathscr{C}$, de diamètre [AB], coupe la droite (BC) en H.

a. Démontrez que le triangle ABH est un triangle rectangle.

b. Démontrez que le cercle de diamètre [AC] passe par H.

5 Mesure d'angle

a. Construisez un triangle ABC tel que : AC = 8 cm, $\widehat{BAC} = 38°$, $\widehat{ACB} = 52°$ et I soit le milieu de [AC].

b. Calculez la mesure de l'angle $\widehat{ABI}$.

Théorème de Pythagore

l'essentiel

Théorème de Pythagore

• Si un triangle est rectangle, alors le carré de la longueur de l'hypoténuse est égal à la somme des carrés des longueurs des côtés de l'angle droit.

• Dans la pratique, on utilise :
Si ABC est un triangle rectangle en A, alors $BC^2 = AB^2 + AC^2$.

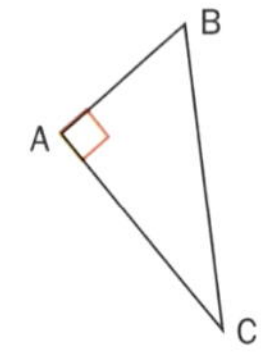

Utiliser le théorème de Pythagore

Le théorème de Pythagore permet de calculer la longueur d'un côté d'un triangle rectangle quand on connaît la longueur des deux autres côtés.

Attention : chaque fois que l'on veut utiliser le théorème de Pythagore, on doit s'assurer que le triangle est rectangle.

exemples commentés

Calculer la longueur de l'hypothénuse

Soit un triangle ABC rectangle en A, tel que AB = 12 cm et AC = 5 cm. Calculez la longueur du côté [BC].

Hypothèses : ABC est un triangle rectangle en A.
AB = 12 cm et AC = 5 cm.

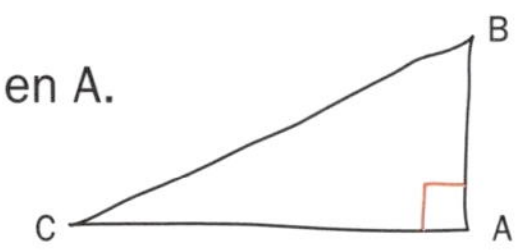

◁ On fait une figure à main levée pour identifier l'hypoténuse.

ABC est rectangle en A,
donc, d'après le théorème de Pythagore, on a : $BC^2 = AB^2 + AC^2$.
Or AB = 12 et AC = 5,
donc $BC^2 = 12^2 + 5^2 = 144 + 25 = 169$,
par conséquent $BC = \sqrt{169} = 13$.
Le côté [BC] mesure **13 cm.**

◁ On applique le théorème de Pythagore.

◁ Quand on sait que $BC^2 = 169$, pour trouver BC, on utilise la touche √ de la calculatrice et on obtient 13.

Calculer la longueur d'un côté de l'angle droit

Tracez un triangle DEF et la hauteur [FH] issue de F. On donne les mesures suivantes : EF = 11 cm, EH = 7 cm et HD = 3 cm. Calculez la longueur de la hauteur [FH] et en donner une valeur approchée au dixième.

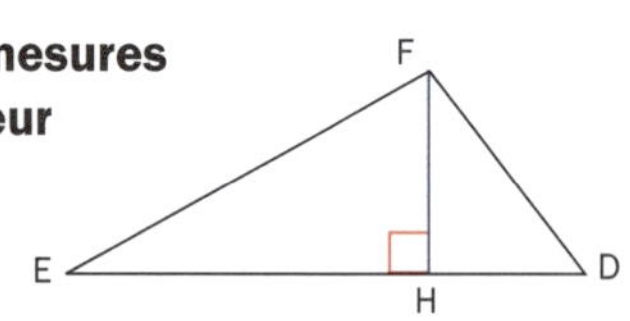

Hypothèses : [FH] est la hauteur issue de F dans le triangle DEF.
EF = 11 cm, EH = 7 cm et HD = 3 cm.
[FH] est la hauteur issue de F dans le triangle DEF,
donc [FH] est perpendiculaire au côté [ED].
Par conséquent, EFH est un triangle rectangle en H.
Le théorème de Pythagore permet d'écrire l'égalité suivante :

$EF^2 = EH^2 + FH^2$

Or EF = 11 et EH = 7,
donc $11^2 = 7^2 + FH^2$
$FH^2 = 121 - 49 = 72$,
par conséquent $FH = \sqrt{72} \approx 8{,}5$
La hauteur [FH] mesure **environ 8,5 cm.**

◁ On trouve un triangle rectangle pour pouvoir utiliser le théorème de Pythagore.

◁ On écrit toujours l'égalité sous la forme : $c^2 = a^2 + b^2$, puis on résout l'équation obtenue en remplaçant les longueurs par les données de l'énoncé.

◁ $\sqrt{72}$ est la valeur exacte de FH et 8,5 en est une valeur approchée.

s'exercer

1 **Soit un triangle ABC rectangle en B, tel que AB = 16 cm et AC = 23,2 cm.**
Calculez la longueur du côté [BC].

....

....

....

2 **Texte à compléter**

Simon a construit un triangle ABC dont les mesures sont : AB = 4,5 cm , AC = 10,5 cm et BC = 11,4 cm et affirme à son ami Avner qu'il s'agit d'un triangle rectangle en A.

Avner rétorque à juste raison : « Je ne suis pas d'accord : si c'était le cas, d'après le théorème ...., on aurait l'égalité suivante : $AB^2 + AC^2 = BC^2$.

Or $AB^2 + AC^2 =$ ....

et $BC^2 =$ ....

Donc .... $\neq$ ....

L'égalité n'est pas vérifiée , le triangle .... en .... »

3 **MNP est un triangle rectangle en M.**

Complétez le tableau en calculant la longueur du 3e côté. Donnez la valeur exacte si elle existe, ou la valeur arrondie au dixième.

MN (cm)	2	4,5	7		7
MP (cm)	3		8	15	
PN (cm)		6,5		17	25

4 **Aire et périmètre**

La figure suivante est réalisée à main levée.
On donne les mesures suivantes :
RU = 5 cm,
RS = 13 cm
et UT = 9 cm.

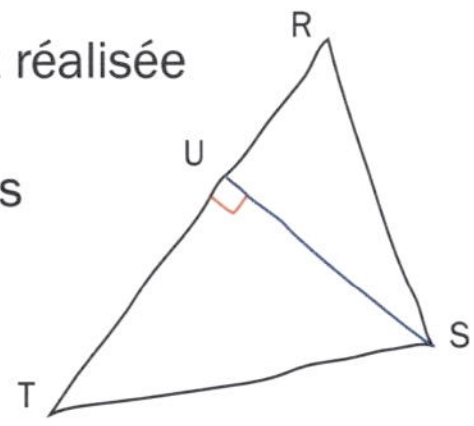

a. Calculez l'aire du triangle RST.

....

....

b. Calculez le périmètre du triangle RST.

....

....

5 **Le chemin le plus court**

Pour aller de chez lui (point A) au collège (point B), Antoine a deux possibilités : il peut passer devant le parc (point P) ou devant le cinéma (point C). Quel chemin doit-il choisir pour parcourir le trajet le plus court, sachant que AP = 1,2 km, PC = 0,5 km, CB = 0,4 km ?

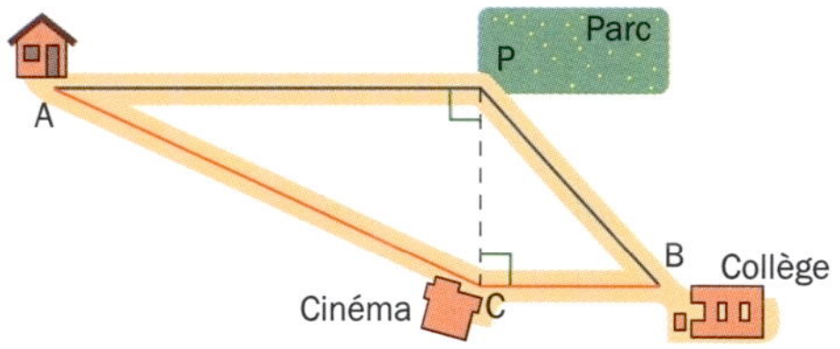

....

....

....

6 **À la papeterie**

Léa a acheté des porte-documents ayant la forme ci-contre. Les faces avant et arrière sont découpées dans des rectangles de carton de 22 cm de long et de 15 cm de large. Les segments [HI] et [JK] mesurent chacun 4 cm.

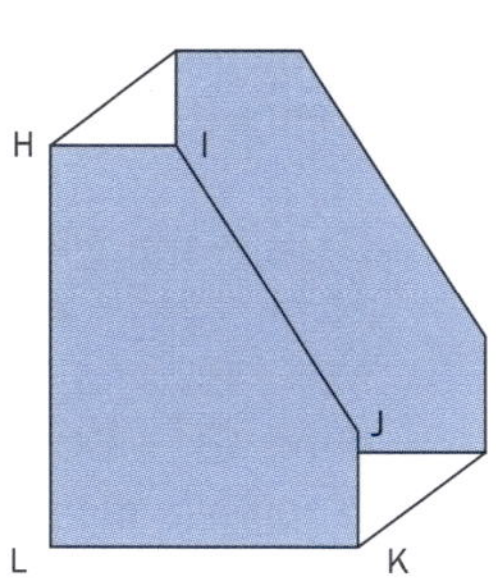

Calculez la longueur du segment [IJ] au dixième près.

....

30

Réciproque du théorème de Pythagore

l'essentiel

Réciproque du théorème de Pythagore

• Si, dans un triangle, le carré de la longueur d'un côté est égal à la somme des carrés des longueurs des deux autres côtés, alors ce triangle est rectangle.

• Dans la pratique, on utilise la forme suivante :
Si, dans un triangle ABC, on a : $BC^2 = AB^2 + AC^2$, alors ABC est un triangle rectangle en A.

Utiliser la réciproque du théorème de Pythagore

La réciproque du théorème de Pythagore sert à démontrer qu'un triangle est rectangle lorsque l'on connaît la longueur de ses trois côtés. L'utilisation de la réciproque nécessite trois étapes :

- **1re étape** : on repère le plus grand côté et on calcule le carré de sa longueur ;
- **2e étape** : on calcule la somme des carrés des longueurs des deux autres côtés ;
- **3e étape** : on confronte les deux résultats. S'ils sont égaux, le triangle est rectangle.

exemple commenté

Utiliser la réciproque dans un problème concret

Un menuisier a relevé les mesures suivantes sur un vieux battant de fenêtre :
AB = 140 cm, BC = 171 cm, CD = 140 cm, DA = 171 cm et AC = 221 cm.
Avant d'installer le battant, il tient à s'assurer qu'il est bien rectangulaire. Est-ce le cas ?

D'après les mesures données dans l'énoncé, AB = CD et BC = DA.
Par conséquent, le quadrilatère ABCD a ses côtés opposés de même longueur,
donc c'est un parallélogramme.

◁ Pour démontrer que le quadrilatère ABCD est un rectangle, on commence par démontrer qu'il s'agit d'un parallélogramme.

Dans le triangle ABC, [AC] est le plus grand côté.
$AC^2 = 221^2 = 48\ 841$
$AB^2 + BC^2 = 140^2 + 171^2 = 48\ 841$
donc $AB^2 + BC^2 = AC^2$.
D'après la réciproque du théorème de Pythagore, le triangle ABC est rectangle en B.
Par conséquent, $\widehat{B}$ est un angle droit.

◁ On démontre que le parallélogramme ABCD a un angle droit, en prouvant que le triangle ABC est rectangle en B. On utilise pour cela la réciproque du théorème de Pythagore en respectant la méthode décrite dans le cours.

ABCD est un parallélogramme qui a un angle droit,
donc c'est un rectangle.
Par conséquent, le battant de fenêtre est bien rectangulaire.

Dans un problème concret, on n'oublie pas de conclure par une phrase.

s'exercer

1 Dans les quatre cas suivants, les points A, B et C déterminent-ils un triangle ? Si c'est le cas, précisez la nature du triangle ABC.

				Calculs	Conclusion
1er cas	AB = 63	AC = 1984	BC = 1985		
2e cas	AB = 48	AC = 69	BC = 48		
3e cas	AB = 15	AC = 21	BC = 6		
4e cas	AB = 52	AC = 48	BC = 20		

2 ABCD est un parallélogramme de centre O. Est-ce un losange ?

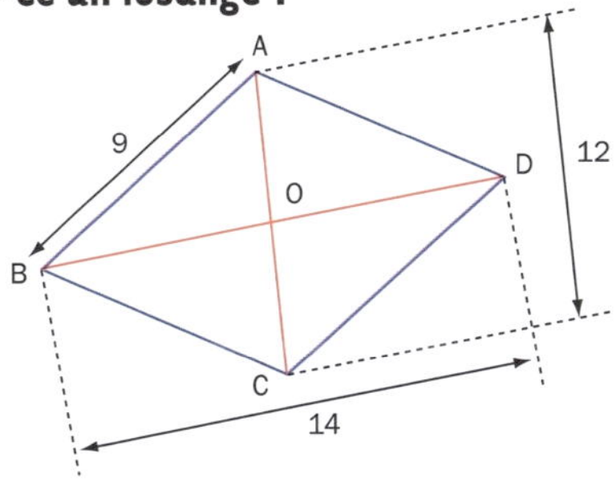

**3 ABC est un triangle rectangle en A, tel que AB = 25 cm et AC = 60 cm.
BCD est un triangle tel que CD = 39 cm et DB = 52 cm.**

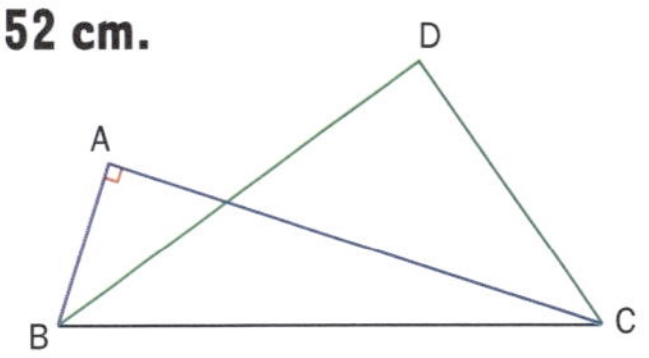

a. Calculez BC.

b. Démontrez que le triangle BCD est un triangle rectangle en D.

4 Le compas dans l'œil

Pierre a tracé un chemin qu'il veut perpendiculaire à la clôture de son jardin. Pour vérifier son travail, son père plante deux piquets en A et B situés respectivement à 3 m et 4 m du point O, comme l'indique la figure, et mesure la distance AB. Après quelques calculs, il dit à son fils : « Félicitations ! ». Expliquez son raisonnement en faisant les calculs nécessaires.

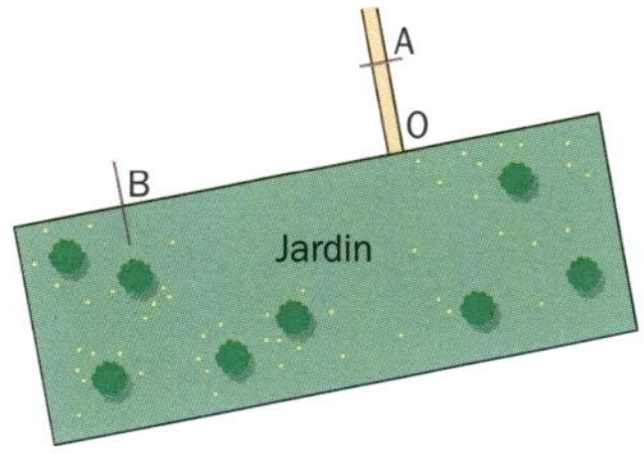

31

Cosinus d'un angle aigu

l'essentiel

Définition

Soit un triangle ABC, rectangle en A.

$$\cos\widehat{ABC} = \frac{BA}{BC}$$

BA ← Longueur du côté adjacent à l'angle $\widehat{B}$

BC ← Longueur de l'hypoténuse

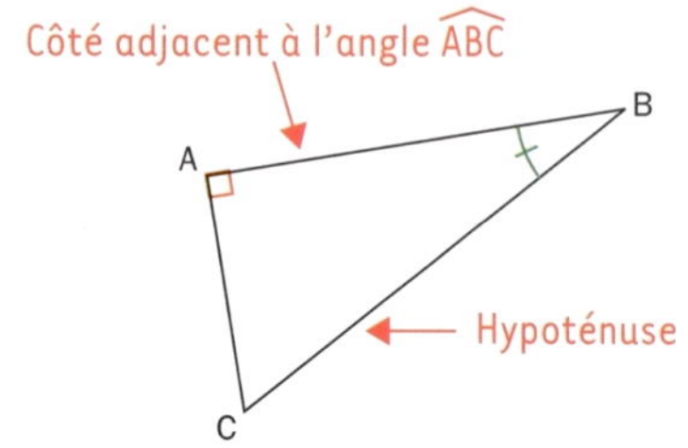

Pour utiliser le cosinus d'un angle, il est impératif de s'assurer qu'il s'agit d'un angle aigu d'un triangle rectangle.

exemples commentés

Calculer la mesure d'un angle

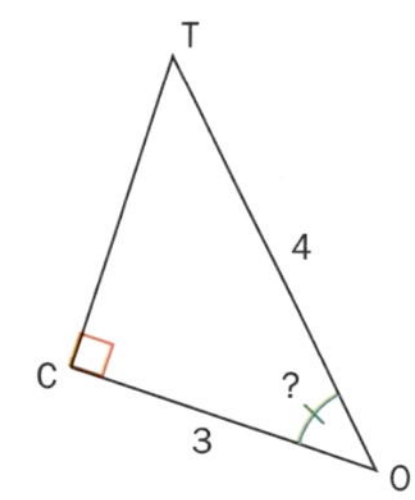

TOC est un triangle rectangle en C, tel que OT = 4 cm et OC = 3 cm.
Calculer la mesure de l'angle $\widehat{TOC}$ à un degré près.

Le triangle TOC est rectangle en C, **donc** $\cos\widehat{TOC} = \frac{OC}{OT}$.

◁ On applique la définition du cosinus d'un angle dans un triangle rectangle.

On obtient : $\cos\widehat{TOC} = \frac{3}{4}$,

donc $\widehat{TOC} \approx 41°$.

◁ On trouve la valeur de l'angle $\widehat{TOC}$ grâce à la fonction « $\cos^{-1}$ » de la calculatrice.

L'angle $\widehat{TOC}$ mesure environ **41°**.

◁ Attention : ne pas écrire en guise de réponse $\cos\widehat{TOC} = \frac{3}{4} = 41°$.

Calculer la longueur d'un côté

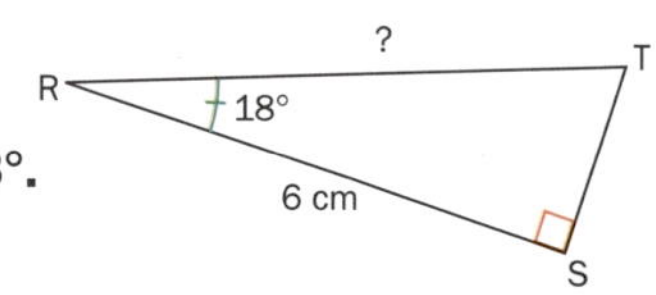

RST est un triangle rectangle en S tel que SR = 6 cm et $\widehat{SRT}$ = 18°.
Calculer la longueur du côté [RT] à 1 mm près.

Le triangle RST est rectangle en S, **donc** $\cos\widehat{SRT} = \frac{RS}{RT}$.

On obtient : $\cos 18° = \frac{6}{RT}$,

◁ On applique la définition du cosinus de l'angle $\widehat{SRT}$ dans le triangle RTS, rectangle en S, afin de faire apparaître une équation d'inconnue RT.

d'où $RT \times \cos 18° = 6$,

donc $RT = \frac{6}{\cos 18°} \approx 6{,}3$ cm.

◁ On résout l'équation obtenue grâce à l'égalité des produits en croix.

Le côté [RT] mesure environ **6,3 cm**.

Vérification : la mesure de l'hypoténuse [RT] est supérieure à celle du côté [RS].

Pour calculer la mesure d'un côté dans un triangle rectangle à partir de la mesure d'un angle et de la longueur d'un côté, on peut utiliser l'égalité des produits en croix ou se souvenir que :
– pour passer du côté adjacent à l'hypoténuse, on divise par cosinus ;
– pour passer de l'hypoténuse au côté adjacent, on multiplie par cosinus.

s'exercer

1 **Dans la figure ci-dessous, les triangles ABC et DAC sont rectangles respectivement en C et en A. Complétez les phrases suivantes :**

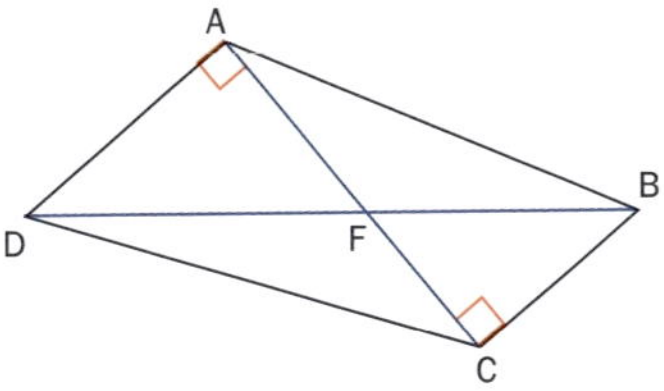

Le triangle ………… est rectangle en …………
donc cos $\widehat{ADC}$ = …………

Le triangle ………… est rectangle en …………
donc cos $\widehat{ABC}$ = …………

Le triangle ………… est rectangle en …………
donc cos $\widehat{ACD}$ = …………

Le triangle ………… est rectangle en …………
donc cos $\widehat{AFD}$ = …………

Le triangle ………… est rectangle en …………
donc cos $\widehat{FBC}$ = …………

2 **Dans le triangle ABC, (BH) est la hauteur issue de B, AB = 2,8 cm, $\widehat{BAH}$ = 40°, AC = 6 cm et $\widehat{ACB}$ = 27°.**

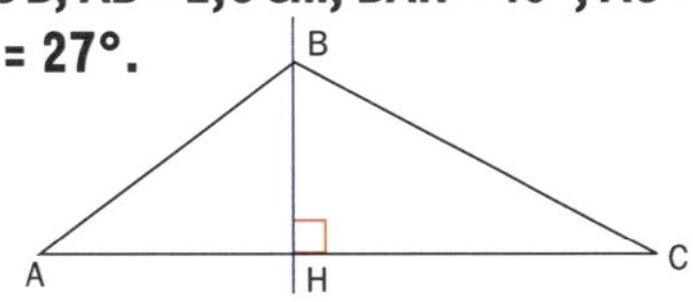

a. Calculez AH au cm près.

…………

b. Calculez BC au cm près.

…………

3 **Le triangle ABC est rectangle en A. Complétez le tableau ci-après sans utiliser la propriété de Pythagore. Les résultats seront arrondis au dixième.**

	AB	AC	BC	$\widehat{ABC}$	$\widehat{ACB}$
1er cas			8 cm	24°	
2e cas	4 cm			42°	
3e cas	6 cm		8 cm		

4 **Roméo et Juliette**

Roméo veut aller rejoindre Juliette à l'aide d'une échelle [JR], qui mesure 5,2 mètres. Le rebord de la fenêtre est à 4,8 mètres de haut. On admet que le mur est vertical et le sol horizontal.

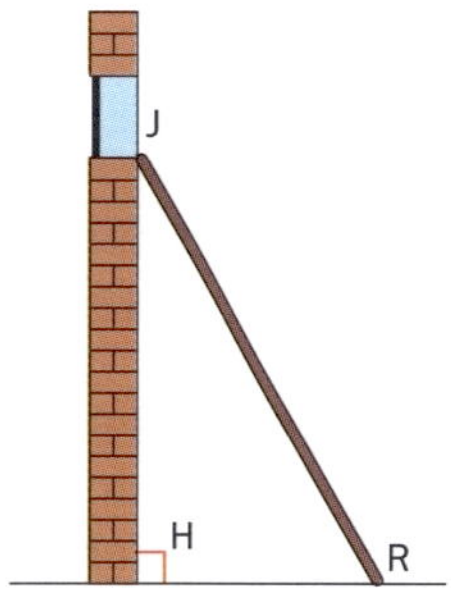

a. Quel angle fait l'échelle avec le mur ?

…………

b. Sans utliser le théorème de Pythagore, calculez à quelle distance du mur se trouve le pied de l'échelle.

…………

5 **But !**

Joël est le meilleur buteur d'une équipe de football. Quand il se trouve à la position J, il est à 15 m du poteau A, à 22 m du poteau B et à 12 m de la droite (AB).

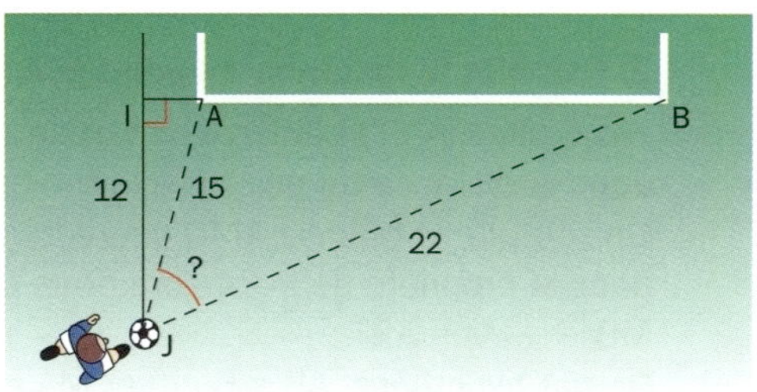

Calculez la mesure de l'angle $\widehat{AJB}$, c'est-à-dire l'angle sous lequel il voit la cage de but.

…………

Distance et tangente

l'essentiel

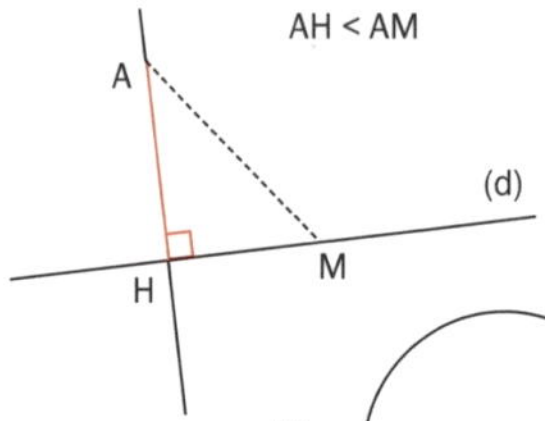

Distance d'un point à une droite

Soit une droite (d), un point A et un point H de (d) tel que la droite (AH) soit perpendiculaire à la droite (d).

- AH est appelée la distance du point A à la droite (d).
- H est le point de la droite (d) le plus proche de A.

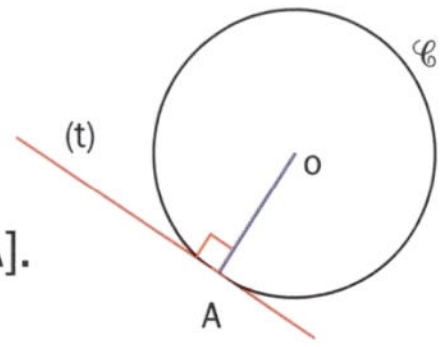

Tangente à un cercle

Soit A un point d'un cercle 𝒞 de centre O.
La tangente (t) en A au cercle 𝒞 est la perpendiculaire en A au rayon [OA].

exemple commenté

Calculer la distance d'un point à une droite

Soit un segment [AB] de 5 cm de longueur et son milieu O. On appelle 𝒞 le cercle de diamètre [AB] et 𝒞' le cercle de centre A et de rayon 3 cm. Ces deux cercles se coupent en M et en N.

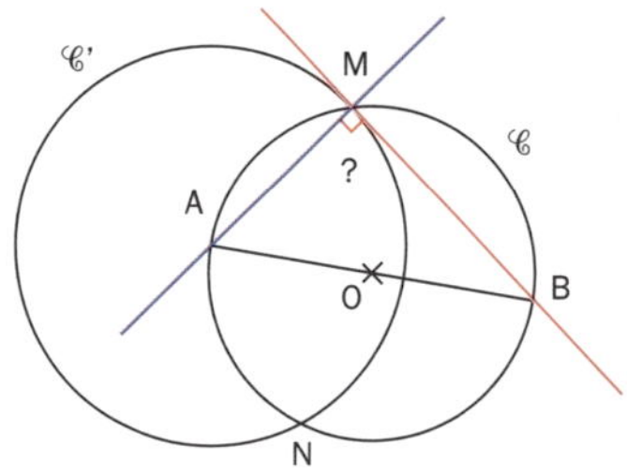

1. Démontrer que la droite (MB) est la tangente en M au cercle 𝒞'.

Hypothèses :
AB = 5 cm.
𝒞 est le cercle de diamètre [AB].
𝒞' est le cercle de centre A de rayon 3 cm.
𝒞 et 𝒞' se coupent en M et en N.
Par hypothèse, M est un point d'intersection des cercles 𝒞 et 𝒞', **donc** M appartient au cercle 𝒞 de diamètre [AB].
Par conséquent, ABM est rectangle en M.

◁ On montre que le triangle ABM est rectangle en M en utilisant la réciproque de la séquence 28.

Comme le triangle AMB est rectangle en M, la droite (MB) est la perpendiculaire en M au rayon [AM] du cercle 𝒞', **donc** la droite (MB) est la tangente en M au cercle 𝒞'.

◁ On applique la définition de la tangente à un cercle.

2. Calculer la distance du point B à la droite (AM).

Les droites (AM) et (MB) sont perpendiculaires, **donc** la distance du point B à la droite (AM) est égale à MB.

◁ On applique la définition de la distance d'un point à une droite.

On sait que le triangle AMB est rectangle en M, **donc** la propriété de Pythagore nous permet d'écrire :
$MB^2 + MA^2 = AB^2$.

◁ On calcule MB grâce à la propriété de Pythagore.

Or, par hypothèse, AB = 5 cm et MA = 3 cm,
donc $MB^2 + 3^2 = 5^2$
$MB^2 = 5^2 - 3^2 = 16$
$MB = \sqrt{16} = 4$
La distance du point B à la droite (AM) est donc égale à **4 cm**.

s'exercer

1 Vrai ou faux ?

Soient E le centre du cercle $\mathscr{C}$ et D le centre du cercle $\mathscr{C}'$.

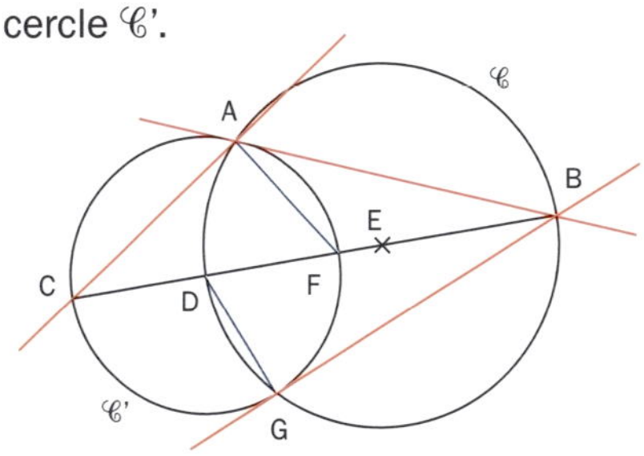

a. Le triangle CAF est rectangle en A.

b. Le triangle DGB est rectangle en G.

c. La tangente en G au cercle $\mathscr{C}'$ est la droite (BG).

d. La tangente en A au cercle $\mathscr{C}$ est la droite (CA).

Affirmations vraies : ....

2 Vrai ou faux ?

Dans la figure de l'exercice 1 :

a. DA est la distance du point D à la droite (CA).

b. FA est la distance du point F à la droite (CA).

c. BD est la distance du point B à la droite (DG).

d. BG est la distance du point B à la droite (DG).

e. DG est la distance du point D à la droite (BG).

Affirmations vraies : ....

3 Constructions

a. Tracez un cercle $\mathscr{C}$ de centre O et de 1,5 cm de rayon.

b. Construisez une droite (d) telle que sa distance au point O soit égale à 1,5 cm.

Expliquez la construction. Qu'est-ce que la droite (d) pour le cercle $\mathscr{C}$?

....

....

....

....

c. Tracez la droite (d'), la symétrique de la droite (d) par rapport au point O. Qu'est-ce que la droite (d') pour le cercle $\mathscr{C}$?

....

4 Cercle tangent

On veut tracer un cercle tangent en A à la droite (d).

a. Où se trouve son centre ?

....

....

b. On veut aussi que le rayon du cercle soit de 1,5 cm. Combien y a-t-il de cercles possibles ? .... Tracez-les.

5 Droite tangente à un cercle

Soit ABCD un losange de centre O tel que OA = 3 cm et OB = 2 cm.

a. Faites la figure sur une feuille blanche.

b. Placez le point I sur le segment [OA], à 1,4 cm de A, puis tracez le cercle $\mathscr{C}$ de centre I et de rayon 1,6 cm.

c. Démontrez que la droite (DB) est la tangente en O au cercle $\mathscr{C}$.

....

....

....

33

Translation

l'essentiel

Définition d'une translation

Étant donnés deux points distincts A et B, l'image d'un point M par la translation qui transforme A en B, est le point M' tel que le quadrilatère ABM'M soit un parallélogramme.

Remarque : si M est aligné avec les points A et B, alors le parallélogramme ABM'M est aplati.

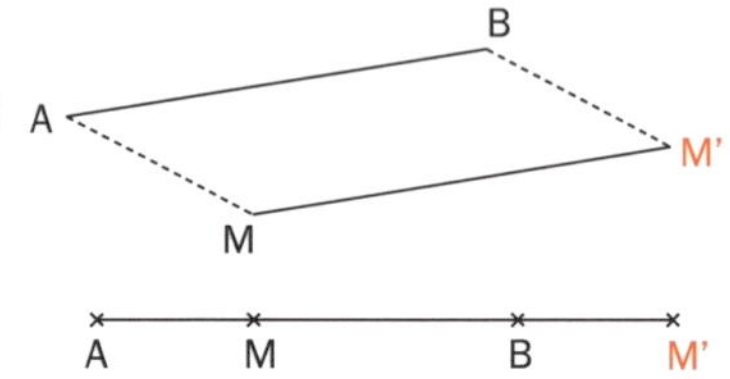

Propriétés d'une translation

Dans la translation qui transforme A en B :

- l'image d'un segment [CD] est un segment [C'D'] parallèle à [CD] et de même longueur;
- l'image d'une droite (d) est une droite (d') parallèle à (d) ;
- l'image d'une demi-droite [Cx) est une demi-droite [C'y) parallèle à [C*x*) ;
- l'image d'un cercle 𝒞 est un cercle de centre 𝒞' de même rayon.

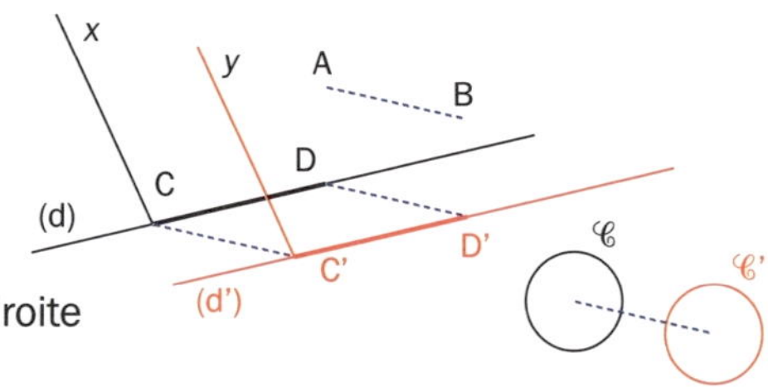

Plus généralement, **l'image d'une figure F est une figure F', superposable à la figure F.**

exemples commentés

Construire une image par une translation

1. Étant donnés une droite (d) et deux points A et B, construire l'image (d') de (d) par la translation qui transforme A en B.

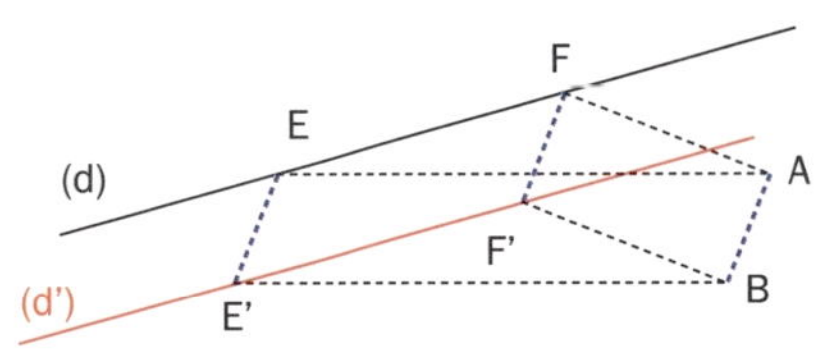

Pour construire (d') :
- on place deux points E et F sur (d) ;
- on construit l'image de E, c'est-à-dire le point E' tel que EABE' soit un parallélogramme ;
- de la même façon, on construit l'image F' de F ;
- on trace la droite (E'F'), qui est l'image de (d).

2. Placer trois points A, B et O distincts et non alignés. Tracer un cercle 𝒞 de centre O, puis construire son image 𝒞' par la translation qui transforme A en B.

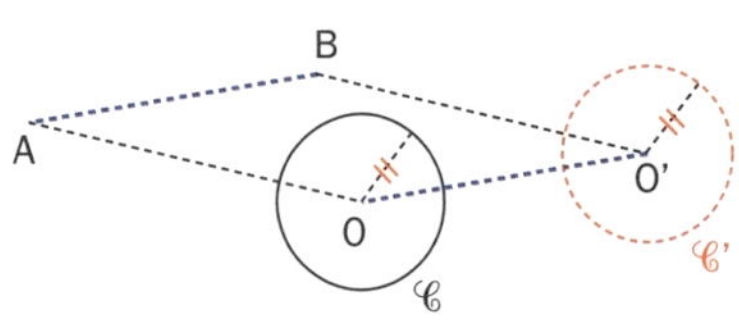

Pour construire 𝒞' :
- on construit l'image du centre O du cercle 𝒞, c'est-à-dire le point O' tel que ABO'O soit un parallélogramme ;
- on trace alors le cercle 𝒞', de centre O' et de même rayon que 𝒞, c'est l'image du cercle 𝒞.

3. Tracer un segment [AB]. Placer un point M sur ce segment, puis construire son image M' par la translation qui transforme A en B.

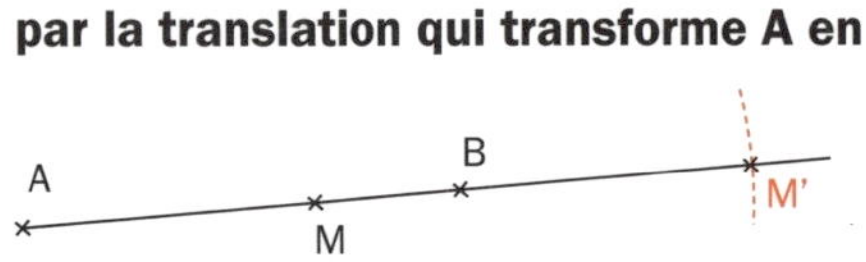

Pour construire le point M' :
- on trace la demi-droite [AB) ;
- on place sur cette demi-droite le point M' tel que AB = MM'.

Le quadrilatère ABM'M a alors deux côtés opposés parallèles et égaux([AB] et [M'M]), c'est donc bien un parallélogramme.

s'exercer

1 **Dans la figure ci-dessous, les 12 quadrilatères « élémentaires » sont des parallélogrammes superposables.**

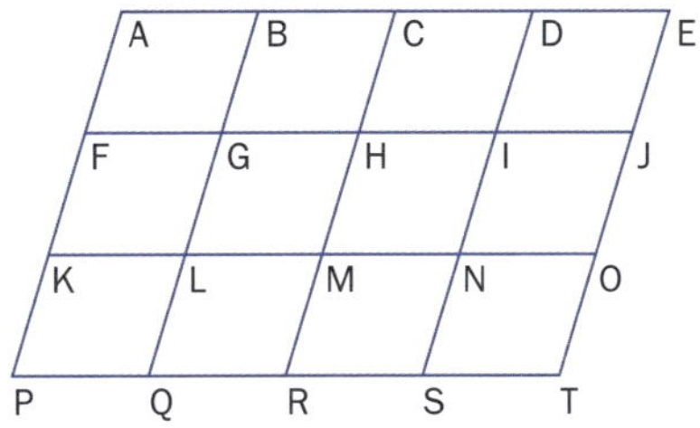

Complétez les phrases suivantes :

a. Par la translation qui transforme A en B, L a pour image ..... et [MR] est l'image de .....

b. Par la translation qui transforme T en L, O a pour image ..... et (KB) est l'image de .....

c. Par la translation qui transforme ..... en M, G a pour image C et ..... est l'image de [PF)

d. Par la translation qui transforme M en A, le cercle de centre T et qui passe par R a pour image ....

2 **On considère la figure ci-dessous.**

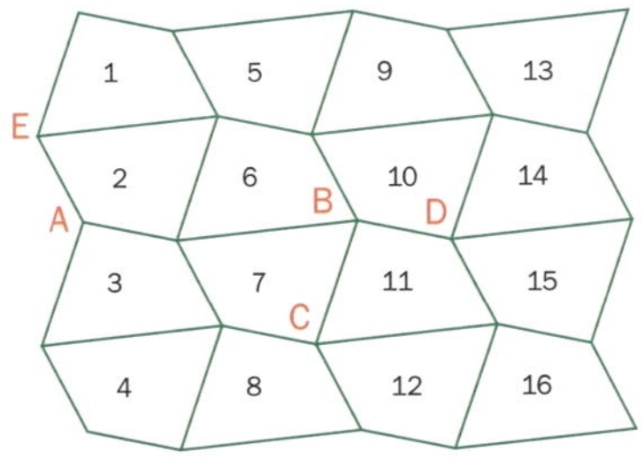

Complétez les phrases suivantes :

a. Par la translation qui transforme A en B :
- la figure 2 a pour image la figure .... ;
- la figure 6 a pour image la figure .... ;
- la figure 11 est l'image de la figure ....

b. Par la translation qui transforme E en D :
- la figure 2 a pour image la figure .... ;
- la figure 1 a pour image la figure .... ;
- la figure 16 est l'image de la figure ....

c. Par la translation qui transforme ... en ... :
- la figure 11 a pour image la figure 1.

3 **Constructions sur quadrillage**

On considère la figure ci-dessous.

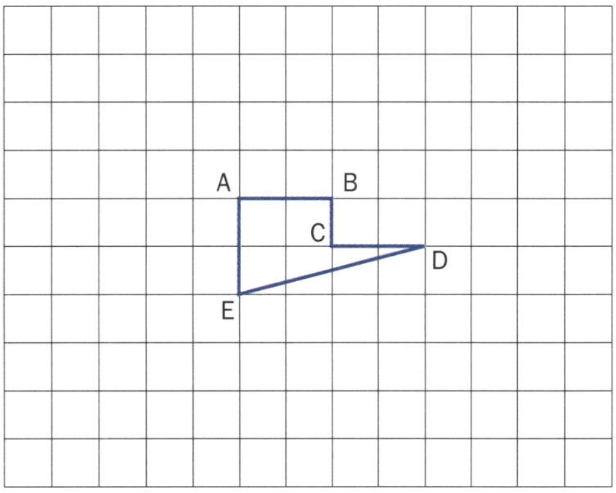

a. Construisez les images F_1 à F_6 du polygone ABCDE, sachant que :
- F_1 est l'image de ABCDE par la translation qui transforme E en D ;
- F_2 : par la translation qui transforme E en A ;
- F_3 : par la translation qui transforme D en A ;
- F_4 : par la translation qui transforme A en D ;
- F_5 : par la translation qui transforme D en E ;
- F_6 : par la translation qui transforme A en E.

b. Placez les points G, H et I sachant que :
- F_1 est l'image de F_5 dans la translation qui transforme G en D ;
- F_4 est l'image de F_2 dans la translation qui transforme B en H ;
- F_6 est l'image de F_1 dans la translation qui transforme I en B.

4 **Constructions sur feuille blanche**

a. Sur une feuille blanche, tracez un parallélogramme ABCD de centre O.
Par la translation qui transforme A en O, construisez en bleu l'image du segment [AD].

b. Tracez le cercle $\mathscr{C}$, de centre A et passant par O. Construisez l'image $\mathscr{C}_1$ du cercle $\mathscr{C}$ par la translation qui transforme A en C, puis l'image $\mathscr{C}_2$ du cercle $\mathscr{C}$ par la translation qui transforme D en B.

34

Prismes droits et cylindres de révolution

l'essentiel

Prisme droit

• Un prisme droit est un solide qui a deux faces polygonales parallèles et superposables, les bases. Les autres faces sont des rectangles, on les appelle les faces latérales.

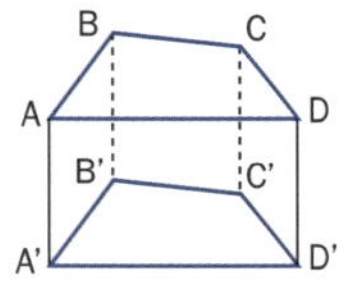

ABCD et A'B'C'D' sont les bases de ce prisme droit.

• Patron

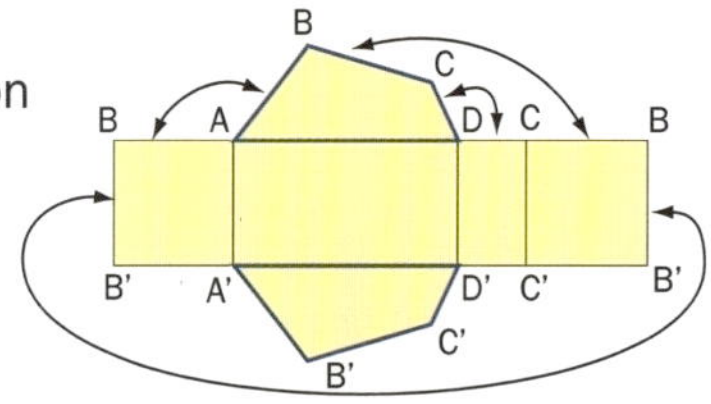

Cylindre

• Un cylindre de révolution de rayon *r* et de hauteur *h* est un solide engendré par la rotation d'un rectangle autour de l'un de ses côtés.

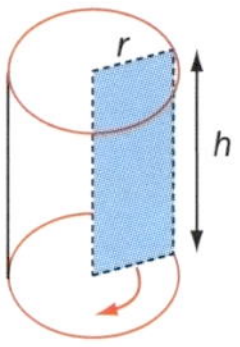

Les disques de rayon *r* sont les bases du cylindre.

• Patron

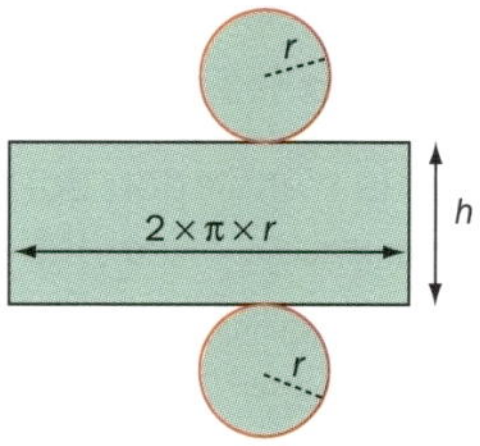

exemples commentés

Calculer l'aire de la face latérale d'un cylindre

L'étiquette d'une boîte de conserve recouvre exactement sa surface latérale. Sachant que la boîte a un rayon de 4 cm et une hauteur de 10 cm, calculer l'aire A de l'étiquette à 1 cm² près.

Une boîte de conserve est un cylindre de révolution, **donc** le développement de sa face latérale est un rectangle dont la largeur est égale à la hauteur de la boîte, c'est-à-dire 10 cm et la longueur est égale au périmètre de chacune de ses bases, soit $2 \times \pi \times 4$ cm.
D'après ce qui précède, $A = 10 \times 2 \times \pi \times 4 = 80 \times \pi \approx 251$.
L'aire A de l'étiquette est donc environ égale à **251 cm²**.

Construire le patron d'un prisme

Construire le patron d'un prisme droit de hauteur 1 cm et dont l'une des bases est un parallélogramme ABCD tel que AB = 1,5 cm, BC = 1 cm et AC = 1 cm.

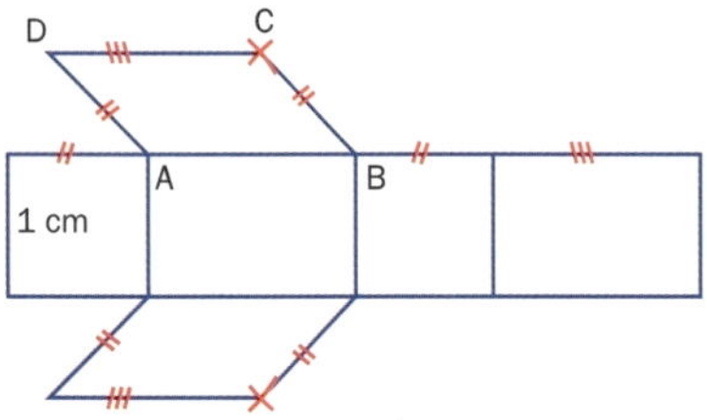

On trace une droite sur laquelle on place les points A et B distants de 1,5 cm.
On construit le point C avec le compas (écartement : 1 cm), puis on termine le parallélogramme ABCD.
Sur la droite (AB), on reporte les longueurs BC, CD et AD.
On trace les faces latérales (les rectangles), puis on construit la 2ᵉ base en veillant à ce que sa position permette la construction du solide.

s'exercer

1 Construction et calcul

a. Construisez le patron d'un prisme droit de hauteur 5 cm et dont une base est un triangle ABC rectangle en A, tel que : AB = 3 cm et BC = 5 cm.

b. Réalisez le dessin en perspective de ce prisme posé sur sa face latérale la plus grande, en marquant les sommets A, B et C.

2 Dites pour chacune des figures ci-après s'il s'agit du patron d'un prisme droit.

a.

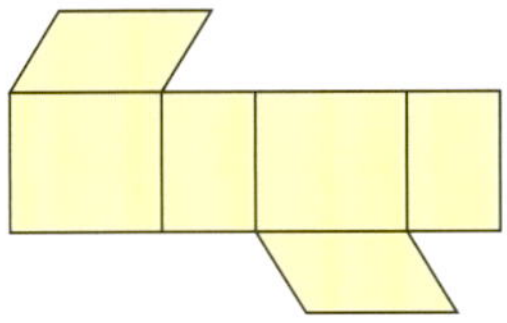

b.

c.

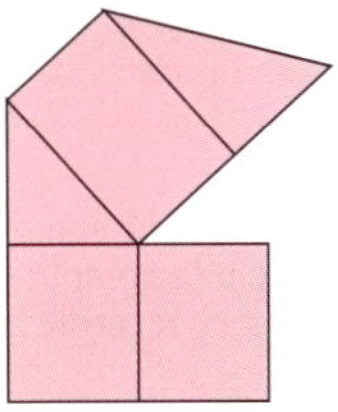

d.

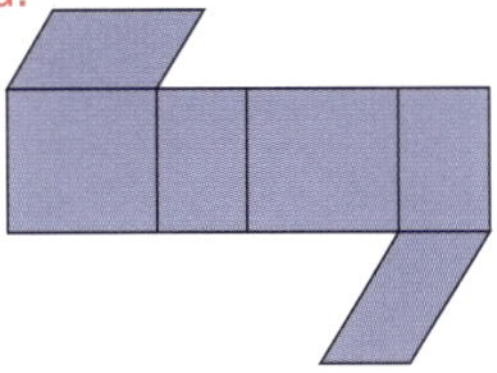

3 Patron d'une boîte

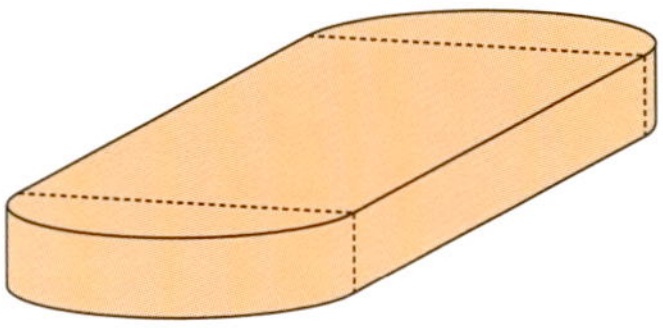

Réalisez un patron de ce solide, formé d'un parallélépipède rectangle et de deux demi-cylindres de révolution, sachant que les demi-cylindres ont des rayons de 3 cm, que la distance séparant leurs centres égale 12 cm et que la boîte a une épaisseur de 2 cm.

4 Sans axe de symétrie

a. Construisez le patron, sans axe de symétrie, d'un prisme droit de hauteur 1,5 cm dont une des bases est un parallélogramme ABCD tel que AB = 2 cm, BC = 3 cm et $\widehat{ABC} = 130°$.

b. Calculez son aire latérale A, c'est-à-dire la somme des aires de ses faces latérales.

5 La main verte

Pour protéger ses plantes Jules a décidé de réaliser un tunnel en toile plastique transparente. Ce tunnel a la forme d'un demi-cylindre de 7 m de longueur et de 2 m de rayon. Quelle est, au dm² près, l'aire A de la toile nécessaire ?

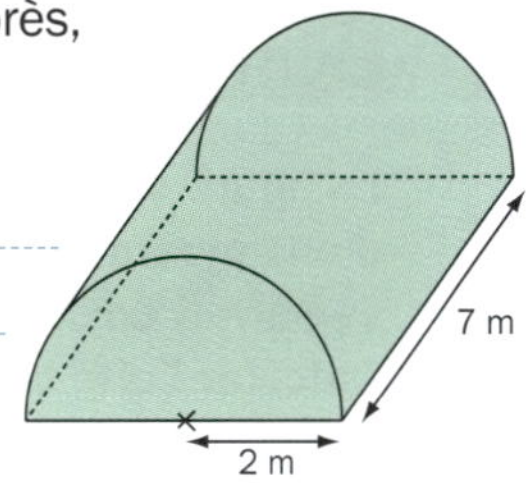

6 Record

Pour faire parler de leur enseigne, les dirigeants d'un hypermarché ont décidé de réaliser la pyramide de boîtes de conserve la plus haute au monde. À cette fin, ils ont choisi 25 000 boîtes cylindriques de 5 cm de rayon et de 12 cm de hauteur, qu'ils ont décidé de peindre. Quelle est, à 1 kg près, la quantité de peinture nécessaire, sachant qu'un kilogramme de peinture permet de couvrir 7 m² ?

35 Pyramides

l'essentiel

Pyramides

Une pyramide de sommet S est un solide dont :
- la base est un polygone ;
- les faces latérales sont des triangles ayant S pour sommet commun ;
- la hauteur [SH] est perpendiculaire à la base ABCDE ; cela signifie notamment qu'elle est perpendiculaire aux segments [HA], [HB], etc.

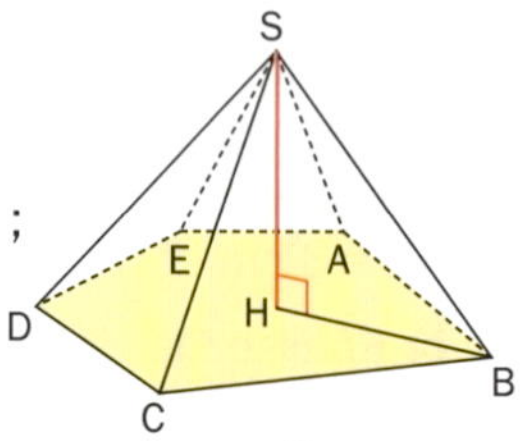

Pyramides régulières

Une pyramide régulière de sommet S est une pyramide dont :
- la base est un polygone régulier de centre O ;
- la hauteur est [SO] ;
- les faces latérales sont des triangles isocèles en S.

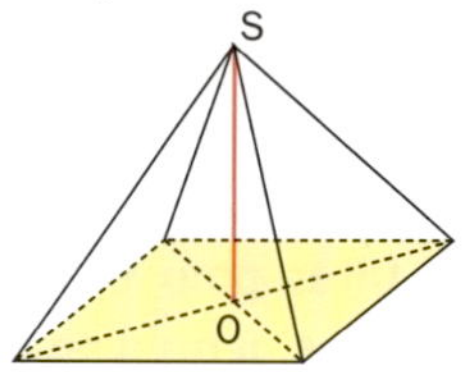

Construction

Pour tracer le patron d'une pyramide, il est conseillé de commencer par tracer la base.

exemple commenté

Calculer l'aire latérale d'une pyramide

La figure ci-contre est la représentation en perspective d'une pyramide régulière à base carrée telle que BC = 6 cm et SB = 5 cm. Le point I est le milieu de l'arête [BC]. Calculer l'aire latérale $\mathcal{A}_L$ de cette pyramide.

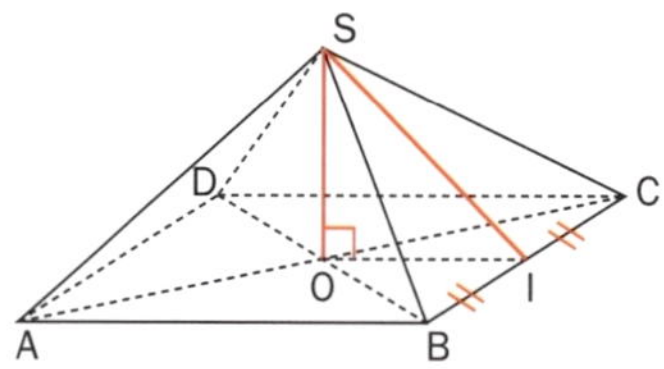

On appelle $\mathcal{A}_T$ l'aire du triangle SBC. Les faces latérales de cette pyramide régulière sont quatre triangles isocèles superposables au triangle SBC.
Donc $\mathcal{A}_L = 4 \times \mathcal{A}_T$.

◁ L'aire latérale d'une pyramide est égale à la somme des aires de ses faces latérales.

Le triangle SBC est isocèle en S et I est le milieu de [BC].
La droite (SI) est **donc** la médiatrice du segment [BC].
Par conséquent, le triangle SBI est rectangle en I.

◁ On démontre que le triangle SBI est rectangle en I.

La propriété de Pythagore nous permet d'écrire : $BI^2 + IS^2 = SB^2$
Or SB = 5 et BI = BC ÷ 2 = 6 ÷ 2 = 3.
D'où $3^2 + IS^2 = 5^2$,
donc $IS^2 = 5^2 - 3^2 = 25 - 9 = 16$
$IS = \sqrt{16} = 4$
D'après la formule d'aire d'un triangle, $\mathcal{A}_T = \dfrac{BC \times SI}{2}$.
Par conséquent, $\mathcal{A}_T = \dfrac{6 \times 4}{2} = 12$
$\mathcal{A}_L = 4 \times \mathcal{A}_T = 4 \times 12 = 48$
L'aire latérale de cette pyramide est donc de **48 cm²**.

◁ On utilise la propriété de Pythagore pour calculer IS.

◁ On n'oublie pas de préciser l'unité d'aire.

s'exercer

1 Les figures ci-dessous sont-elles des patrons de pyramide ?

a. b. c.

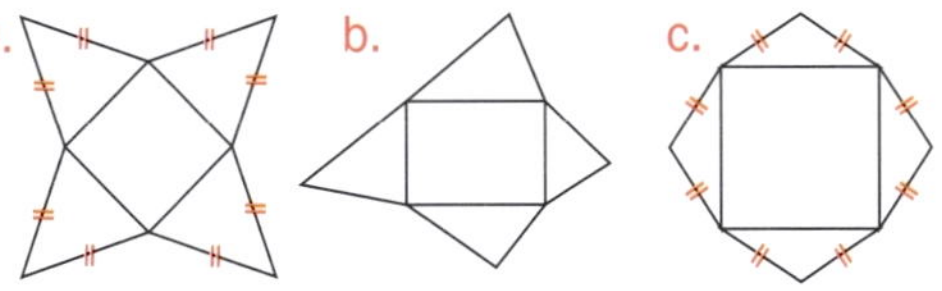

2 Pyramide ayant comme base un losange

Soit une pyramide SABCD de sommet S, ayant comme base un losange ABCD de centre O, tel que AC = 4 cm et BD = 6 cm. La hauteur de cette pyramide est le segment [SO], qui mesure 4 cm. On se propose de réaliser le patron de cette pyramide.

a. Réalisez une représentation en perspective de cette pyramide.

b. Déterminez la nature du triangle SOA, puis calculez SA. (Arrondir au mm.)

c. Déterminez la nature du triangle SOB, puis calculez SB. (Arrondir au mm.)

d. Construisez le patron de la pyramide sur une feuille blanche. Vous pourrez ensuite le découper et assembler la pyramide afin de vérifier sa hauteur.

3 Pyramide à base rectangulaire

Le solide ci-après est un parallélépipède rectangle tel que AB = 4 cm, BC = 3 cm et AH = 2 cm. On appelle P la pyramide de sommet D ayant comme base le rectangle HEFG.

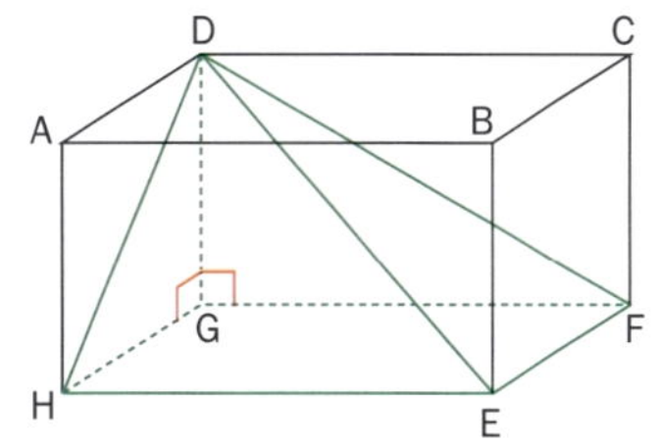

Le but de cet exercice est de réaliser un patron de cette pyramide sans calculs.

a. Sur une feuille blanche, tracez la base HEFG et représentez les faces HGD et DGF.

b. Déterminez la nature du triangle DFE, puis construisez ce triangle.

c. Construisez le triangle HDE en reportant les longueurs à partir des triangles déjà réalisés.

d. Découpez le patron et vérifier votre travail.

4 Pyramide à base carrée

Le solide ci-dessous est une pyramide régulière à base carrée, de sommet S, de hauteur [SH] telle que AB = 4 cm et SA = 4 cm.

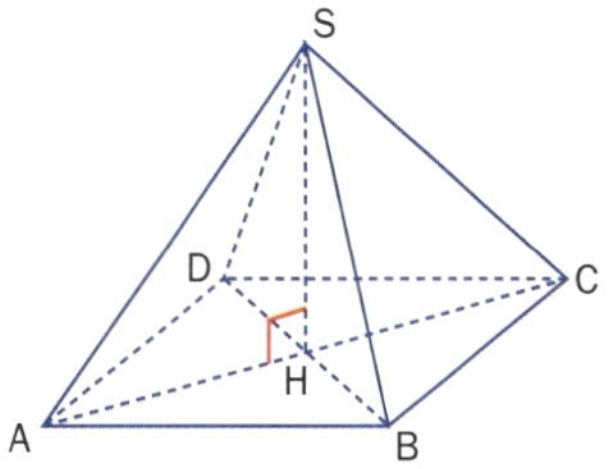

a. Calculez AC.

b. Calculez AH.

c. Calculez SH. (Arrondir au mm.)

d. Réalisez le patron.

Cônes

l'essentiel

Définition

Un cône de révolution de sommet S et de hauteur [SO] est un solide engendré par la rotation d'un triangle SOA rectangle en O autour du côté [SO].
[SA] est la génératrice du cône.
Le disque de centre O et de rayon [OA] est la base du cône.
La hauteur [SO] est perpendiculaire à la base.

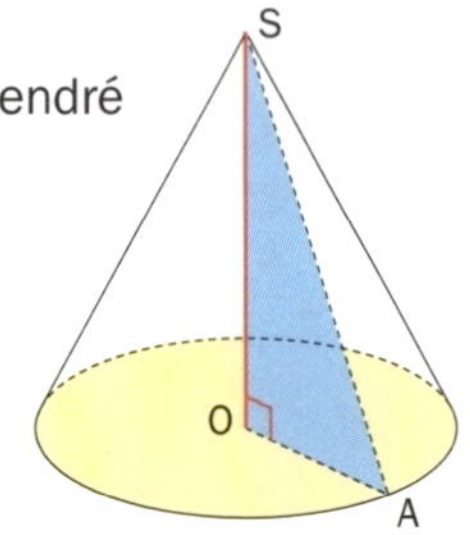

Patron

Le patron de ce cône est composé :
- d'un disque de centre O ;
- d'un secteur circulaire dont le rayon est égal à la longueur de la génératrice.

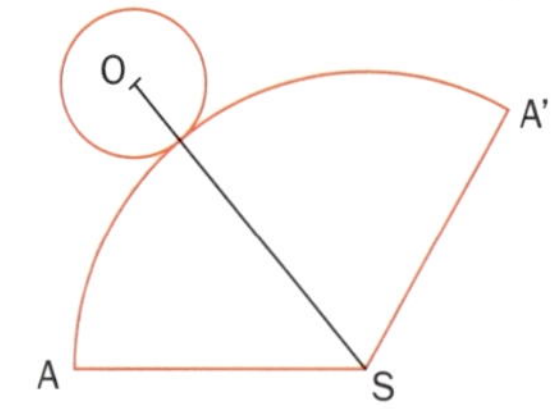

Le cercle de centre O et l'arc $[\overset{\frown}{AA'}]$ ont nécessairement la même longueur pour que le montage soit possible.

exemple commenté

Construire la patron d'un cône de révolution

La base d'un cône de révolution a pour rayon 2 cm et sa génératrice mesure 6 cm. On se propose de réaliser le patron de ce cône.

1. Faire une figure à main levée, nommer l'angle du secteur circulaire qui formera le développement de sa face latérale, puis calculer cet angle.

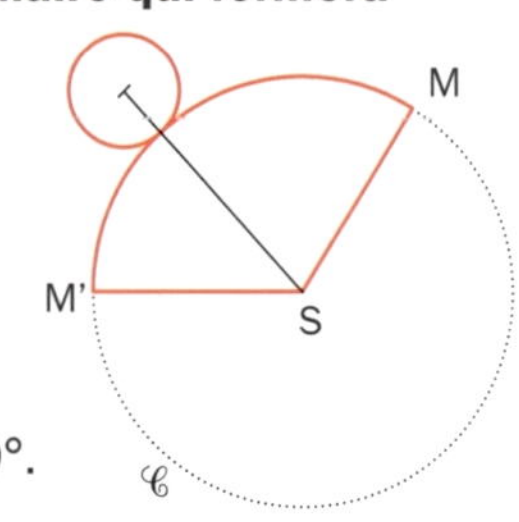

On sait que le périmètre de la base doit être égal à la longueur de l'arc $[\overset{\frown}{MM'}]$, **donc** $\overset{\frown}{MM'} = 2\,\pi \times 2 = 4\,\pi$.

Or la longueur de l'arc $[\overset{\frown}{MM'}]$ est proportionnelle à la mesure de l'angle $\widehat{MSM'}$.
On sait que le périmètre du cercle $\mathscr{C}$ correspond à un angle de 360°.
Ce périmètre est égal à : $2 \times \pi \times 6$ soit $12\,\pi$.
Pour calculer l'angle $\widehat{MSM'}$, on utilise un tableau de proportionnalité et on applique le produit en croix, ce qui permet d'écrire : $\widehat{MSM'} \times 12\pi = 360 \times 4\pi$.

Longueur de l'arc (en cm)	$12\,\pi$	$4\,\pi$
Angle au centre (en degrés)	360°	$\widehat{MSM'}$

Donc $\widehat{MSM'} = \dfrac{360 \times 4\pi}{12\pi} = \dfrac{360 \times 4\pi}{3 \times 4\pi} = 120$.

L'angle du secteur circulaire mesure **120**°.

On pouvait aussi remarquer que pour passer de $12\,\pi$ à $4\,\pi$, on divise par 3. Donc $\widehat{MSM'} = 360 : 3 = 120°$.

2. Construire le patron de ce cône.

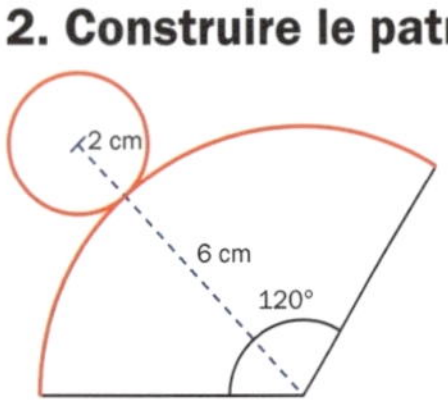

On construit d'abord le secteur circulaire de rayon 6 cm et d'angle 120°. On place ensuite le centre de la base à 8 cm (6 + 2) du centre du secteur circulaire et on trace le cercle de rayon 2 cm.

s'exercer

1 Cône

La figure 1 représente un cône de révolution en perspective et la figure 2 représente le développement de son patron. Le rayon du secteur circulaire mesure 9,1 cm. Le rayon du disque de base est 3,5 cm.

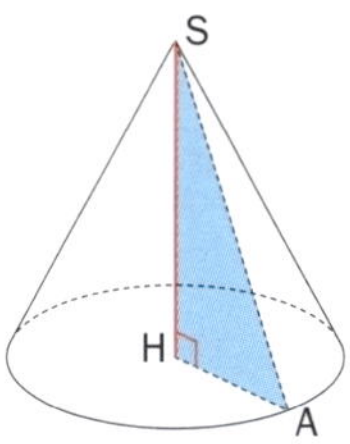

Figure 1

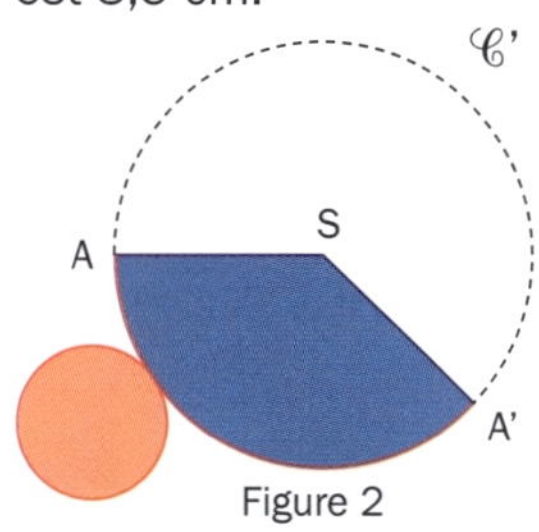

Figure 2

a. Quelle est la nature du triangle SAH ?

b. Quelle est la longueur de la génératrice ?

c. Calculez la hauteur du cône.

d. Utilisez le tableau de proportionnalité ci-dessous pour calculer l'angle $\widehat{ASA'}$ du secteur circulaire.

	Périmètre du cercle $\mathscr{C}'$	Arc $\widehat{AA'}$
Longueur de l'arc (en cm)		
Angle au centre (en degrés)		

e. Fabriquez le patron en carton pour vérifier qu'il s'ajuste bien.

2 Éclairage

Une lampe A est fixée à 3,2 mètres du sol. Elle éclaire une zone que l'on peut assimiler à un cône de révolution qui délimite sur le sol un disque de diamètre [BC]. BC = 5 m. Soit [AH] la hauteur du cône.

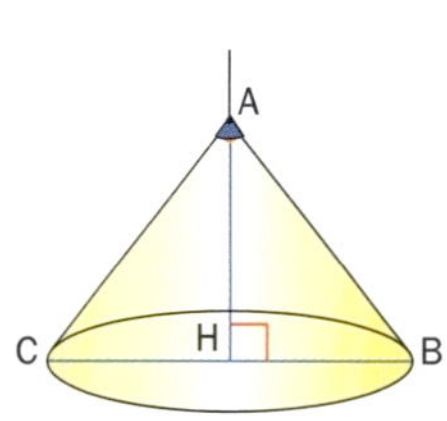

a. Calculez la longueur AB.

b. Calculez le demi-angle au sommet du cône, c'est-à-dire l'angle $\widehat{BAH}$.

3

La surface latérale d'un cône a pour patron un quart de disque de 15 cm de rayon.

a. Calculez l'aire latérale du cône. (On rappelle que l'aire d'un secteur circulaire est proportionnelle à l'angle au centre.)

b. Calculez le rayon de la base du cône.

c. Calculez la surface totale.

4 Construire un abat-jour

L'abat-jour d'une lampe a la forme d'un tronc de cône. On a représenté ci-dessous ce tronc en perspective ainsi que son développement sur lequel on a indiqué les dimensions utiles à la réalisation de l'exercice.

Les figures ne sont pas aux dimensions réelles.

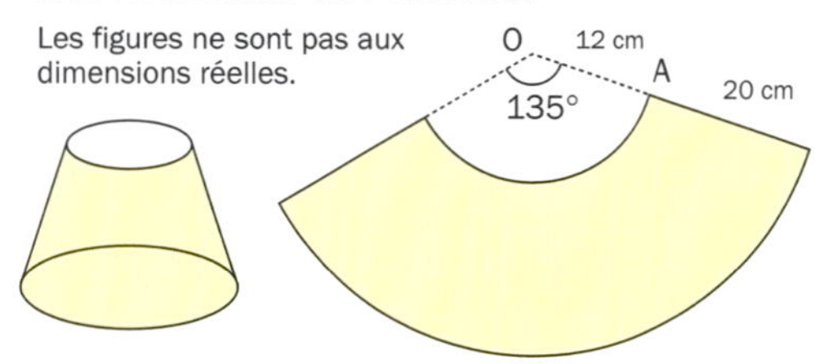

a. Calculez le rayon de la base du cône dans lequel a été découpé l'abat-jour.

b. Calculez la hauteur de ce cône.

c. Calculez la hauteur de l'abat-jour, c'est-à-dire du tronc de ce cône.

37

Volumes

l'essentiel

On note V le volume.

■ Parallélépipède rectangle

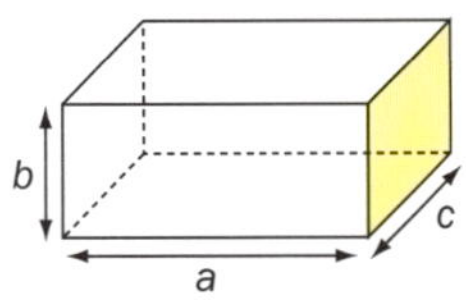

$V = a \times b \times c$

■ Prisme droit

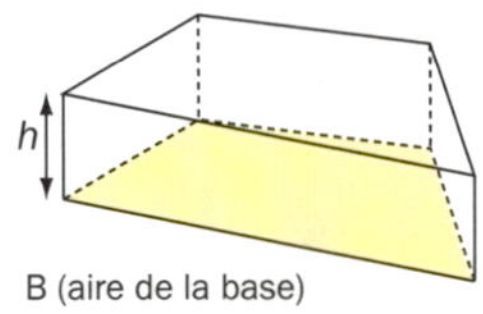

B (aire de la base)

$V = B \times h$

■ Cylindre

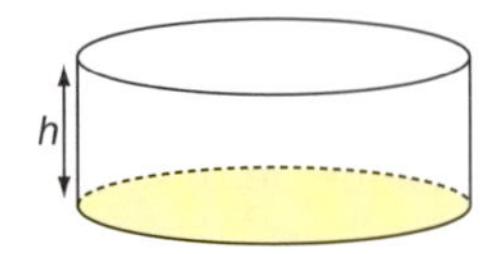

B (aire de la base) = $\pi \times R^2$

$V = B \times h = \pi \times R^2 \times h$

■ Pyramide

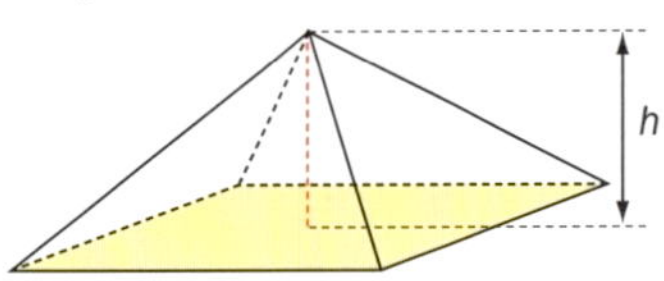

B (aire de la base)

$V = \frac{1}{3} B \times h$

■ Cône

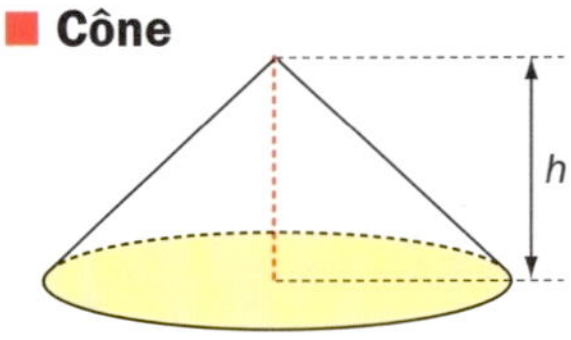

B (aire de la base)

$V = \frac{1}{3} B \times h = \frac{1}{3} \times \pi \times R^2 \times h$

Unités
$1\ m^3 = 1\ 000\ dm^3$
$1\ L = 1\ dm^3$

exemple commenté

Comparer les volumes de deux cônes

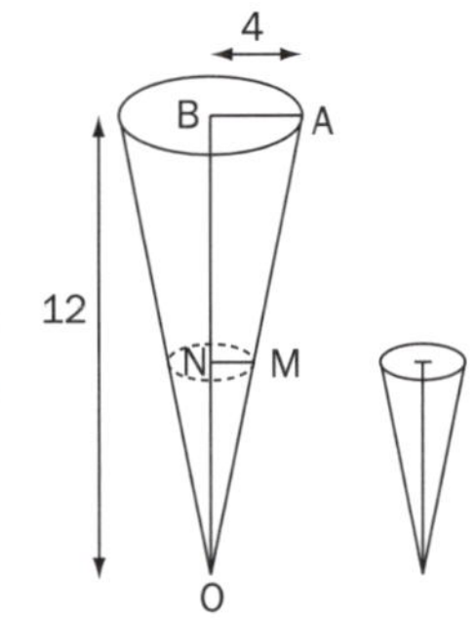

Un jour de grande chaleur, Maéva achète un cône « Esquifrais » de 12 cm de haut et de 4 cm de rayon. Gaëlle choisit un petit cône « Mini-Esquifrais ». Ce cône équivaut à la partie inférieure d'un grand cône coupé à mi-hauteur, parallèlement à la base. Maéva pense qu'elle consommera deux fois plus de calories que Gaëlle. A-t-elle raison ? (Les cônes sont pleins à ras bord.)

Soient V_G et V_P les volumes respectifs du grand cône et du petit cône.

$V_G = \frac{1}{3} \pi \times R^2 \times h = \frac{1}{3} \times \pi \times 4^2 \times 12 = 64\pi.$

La valeur exacte de V_G est 64π cm³.

◁ Pour comparer deux volumes, il est plus judicieux de garder leur valeur exacte.

On a coupé le cône parallèlement à la base, **donc** [AB] est parallèle à [MN].
De plus, M et N appartiennent respectivement aux côtés [AO] et [BO] du triangle ABO.

On a **donc** l'égalité : $\frac{ON}{OB} = \frac{MN}{AB} = \frac{OM}{OA}$

◁ On utilise le théorème de la leçon 24.

d'où $\frac{1}{2} = \frac{MN}{4}$, **donc** $MN = \frac{4}{2} = 2$ cm.

◁ Comme on a coupé le cône à mi-hauteur, le rapport des hauteurs $\frac{ON}{OB}$ est $\frac{1}{2}$.

Le rayon mesure 2 cm.

$V_P = \pi \times R^2 \times h = \frac{1}{3} \times \pi \times 2^2 \times \frac{12}{2} = 8\pi$

La valeur exacte de V_P est 8π cm³.

Or $V_G = 64\pi$, **donc** $V_G = 8\ V_P$.

Maéva a donc absorbé 8 fois plus de calories que Gaëlle !

◁ On suppose que le nombre de calories est proportionnel au volume de glace et on calcule le rapport entre un grand et un petit cône.

s'exercer

1 **Complétez le tableau suivant :**

	Parallélépipède rectangle	Prisme droit de base un triangle rectangle	Cylindre	Pyramide à base rectangulaire	Cône
Dimensions (en cm)	L = 15 l = 4 h = 7	Côtés de l'angle droit du triangle : 7,5 et 6 h = 16	R = 11 h = 14	L = 13 l = 6 h = 5	R = 7 h = 7
Volume (en cm^3)					

2 **Pyramide de Chéops, pyramide du Louvre**

On peut assimiler la pyramide de Chéops et la grande pyramide du Louvre à deux pyramides régulières à base carrée. La pyramide de Chéops a une hauteur de 137,2 m et le côté de sa base mesure 230 m. La grande pyramide du Louvre, quant à elle, est haute de 21,64 m et le côté de la base mesure 35 m.

a. Calculez le volume de la pyramide de Chéops.

b. Calculez le volume de la pyramide du Louvre.

c. Combien de fois le volume de la pyramide de Chéops est-il plus grand que le volume de la grande pyramide du Louvre ?

3 **Rafraîchissements**

Le verre ci-contre est constitué d'un cône de hauteur 4,5 cm et d'un cylindre de révolution de hauteur 1,5 cm et de diamètre 10 cm.

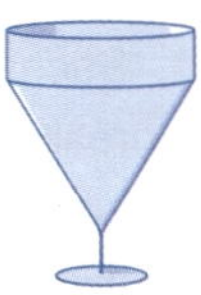

a. Calculez le volume total du verre et donnez le résultat arrondi au centimètre cube près.

b. Calculez le nombre de verres que l'on peut remplir à ras bord avec une bouteille de 2 litres de jus de fruits.

4 **Livraison de sable**

Un camion vient de déverser son chargement de sable. On admet que le tas ainsi formé est conique et que l'angle formé par une génératrice du cône et l'horizontale est de 35°.

Dans cet exercice, donnez les réponses arrondies au centième.

a. Représentez la situation par un schéma mathématique.

b. Calculez la longueur de la génératrice, sachant que le cône a un rayon de 3 mètres.

c. Calculez la hauteur du tas de sable.

d. Calculez le prix du sable ainsi livré, sachant qu'il coûte 8,5 € le m^3.

Bilan 1

Ce bilan valide les acquis des séquences 1 à 5.

1 **Pour chacune des questions suivantes, il peut y avoir une ou plusieurs réponses exactes. Indiquez-les dans la colonne de droite.**

Questions	Réponse A	Réponse B	Réponse C	Votre choix
1. $-3+4-(5-7) =$	-9	-1	3	
2. $3 \times (-4) \times (3-8) =$	60	28	$-(-60)$	
3. $\dfrac{-6}{3-4} - 6 =$	-12	0	12	
4. $\dfrac{8+4}{-16+4} =$	$-\dfrac{1}{2}$	-1	$\dfrac{12}{-12}$	
5. L'arrondi au $\dfrac{1}{100}$ de $\dfrac{9}{27}$ est	3,00	0,33	0,34	
6. $-\dfrac{4{,}2}{-14}$ peut s'écrire	$\dfrac{3}{10}$	$\dfrac{-42}{-140}$	0,3	
7. $\dfrac{2}{15} + \dfrac{5}{21} =$	$\dfrac{7}{36}$	$\dfrac{39}{75}$	$\dfrac{13}{35}$	
8. $\dfrac{-7}{18} \times \dfrac{9}{-35} =$	10	$-\dfrac{1}{10}$	$\dfrac{1}{10}$	
9. $\dfrac{3}{4} \div \dfrac{4}{3} =$	$\dfrac{9}{16}$	1	$\dfrac{16}{9}$	
10. $\dfrac{4}{3} - \dfrac{2}{3} \times \dfrac{1}{5} =$	$\dfrac{22}{15}$	$\dfrac{6}{5}$	$\dfrac{2}{15}$	

2 **Partages équitables**

Alain, Josette et Christian viennent d'hériter d'un terrain et d'une somme de 75 000 €. Ils désirent partager le terrain afin de construire chacun une maison sur la parcelle lui revenant.

1. Alain souhaite obtenir le tiers du terrain, Josette le cinquième et Christian la moitié. Est-ce possible ?

....

....

2. Après discussion, les deux premiers obtiennent satisfaction et ce qui reste du terrain, soit 2 100 m², revient à Christian.

a. Calculez la fraction du terrain qui revient à Christian.

....

b. Calculez la surface totale du terrain.

....

....

c. Calculez la superficie des parcelles revenant à Alain et Josette.

....

....

3. Sachant que la somme d'argent héritée représente la moitié de la valeur du terrain, déterminez la somme que chacun doit obtenir pour que le partage du terrain et de l'argent soit équitable.

....

....

....

Bilan 2

Ce bilan valide les acquis des séquences 6 à 8.

1 **Pour chacune des questions suivantes, il peut y avoir une ou plusieurs réponses exactes. Indiquez-les dans la colonne de droite.**

Questions	Réponse A	Réponse B	Réponse C	Votre choix
1. A = $-4a \times 3b$ peut s'écrire	$-1ab$	$-7ab$	$-12ab$	
2. B = $a \times (-a)$ peut s'écrire	0	$-a^2$	$-2a$	
3. Calculer C = $3a - b$ pour $a = -4$ et $b = -5$ revient à effectuer	$3 - 4 - 5$	$3 \times (-4 - 5)$	$3 \times (-4) - (-5)$	
4. Pour $a = 4$, $b = -3$ et $c = 2$, D = $a^2 - 5bc$ est égale à	46	38	-14	
5. L'équation $-14x = 7$ a pour solution	$-0,5$	21	$-\frac{1}{2}$	
6. Si $\frac{x}{5} = \frac{3}{7}$, alors	$x = \frac{3}{7} \div 5$	$x = \frac{3}{7} \times 5$	$7x = 15$	
7. L'aire du polygone ci-dessous peut s'écrire ...... 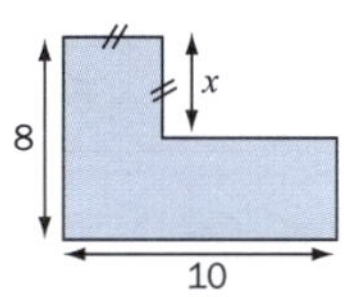	$x^2 + 10(8 - x)$	$8x + x(10 - x)$	$80 - x(10 - x)$	
8. « Si je soustrais 20 au nombre x, j'obtiens le même résultat qu'en effectuant le produit de -3 par ce nombre ». Cette affirmation peut se traduire par	$20 - x = -3x$	$x - 20 = -3 + x$	$x - 20 = -3x$	

2 **À la ferme**

Dans la ferme de Sylvain, il y a un enclos avec trois fois plus de lapins que d'oies.

1. On appelle x le nombre d'oies.

a. Exprimez en fonction de x le nombre de lapins.

....

b. Exprimez en fonction de x le nombre de pattes de l'ensemble des animaux.

....

2. On appelle y le nombre de lapins.

a. Exprimez en fonction de y le nombre d'oies.

....

b. Exprimez en fonction de y le nombre de pattes de l'ensemble des animaux.

....

3. On suppose qu'il y a en tout 42 pattes et on se propose de déterminer le nombre d'animaux de chaque sorte.

a. En utilisant les réponses aux questions précédentes :

- écrivez une équation en x qui permette de résoudre le problème.

....

- écrivez une équation en y qui permette de résoudre le problème.

....

b. Trouvez la solution du problème en résolvant l'équation qui vous paraît la plus simple.

....

....

Bilan 3

Ce bilan valide les acquis des séquences 9 à 11.

1 **Pour chacune des questions suivantes, il peut y avoir une ou plusieurs réponses exactes. Indiquez-les dans la colonne de droite.**

Questions	Réponse A	Réponse B	Réponse C	Votre choix
1. -10^{-3} = ...	$-\dfrac{1}{10^{3}}$	10^{3}	$-0{,}001$	
2. $10^{6} \times \dfrac{1}{10^{-4}}$ peut s'écrire	10^{2}	10^{10}	-10^{2}	
3. $\dfrac{10^{-7} \times 10^{9}}{1\,000\,000}$ peut s'écrire	10^{-4}	$\dfrac{-10^{16}}{10^{6}}$	$\dfrac{1}{10\,000}$	
4. $4{,}2 \times 10^{-3}$ est l'écriture scientifique de	0,004 2	42×10^{-4}	$-4\,200$	
5. $-375\,000$ peut s'écrire	375×10^{-3}	$-3{,}75 \times 10^{5}$	$3{,}75 \times 10^{-6}$	
6. $3^{6} \times 3^{2}$ = ...	3^{12}	3^{8}	9^{8}	
7. Si $a = 2$ alors $-a^{4}$ = ...	-16	16	-8	
8. $2^{7} \times 5^{7}$ peut s'écrire	10^{7}	10^{14}	$5^{7} + 5^{7}$	
9. $2^{5} + 3^{5}$ = ...	5^{5}	10^{5}	275	
10. $2^{4} \times 3^{3} + 3 \times 2^{4}$ = ...	$2^{4} \times 3^{4}$	$2^{8} \times 3^{4}$	$2^{4} \times 30$	

2 **Vive la calculatrice !**

Bien qu'on ne puisse la voir à l'œil nu depuis la Terre, l'étoile Pistol est la plus lumineuse de l'univers. Son diamètre est 325 fois plus grand que celui du soleil qui est de 1 391 940 km. Cette étoile est située à 25 000 années-lumière de la Terre.
On rappelle qu'une année-lumière est la distance parcourue par la lumière en une année (la vitesse de la lumière est 300 000 km.s^{-1}).

Pour répondre aux questions suivantes, vous pourrez utiliser les écritures scientifiques.

1. Calculez la distance en km entre la Terre et l'étoile Pistol.

....

....

....

2. Le volume d'une sphère est donné par la formule :

$$V = \frac{4}{3} \times \pi \times r^{3}.$$

a. Calculez le volume V_1 du Soleil en km^3.

....

b. Calculez le volume V_2 de l'étoile Pistol en km^3.

....

c. Donnez un ordre de grandeur de chacun des deux volumes calculés ci-dessus.

....

....

d. Déterminez un ordre de grandeur du quotient $\dfrac{V_1}{V_2}$.

....

....

....

Bilan 4

Ce bilan valide les acquis des séquences 12 à 15.

1 **Pour chacune des questions suivantes, il peut y avoir une ou plusieurs réponses exactes. Indiquez-les dans la colonne de droite.**

Questions	Réponse A	Réponse B	Réponse C	Votre choix
1. La forme réduite de $4x + 12x + 1$ est	$16x + 1$	$16x^2 + 1$	$17x$	
2. Pour passer de $3x(x - 2)$ à $3x^2 - 6x$, on a	réduit	simplifié	développé	
3. $2x^2 - x^2 =$	2	x^2	$- 2x^4$	
4. En calculant mentalement : A = 25 × 72 + 75 × 72, on trouve	244	172	7 200	
5. $B = 4x^2 -(2x - 5)$ peut s'écrire	$4x^2 - 2x + 5$	$4x^2 + 2x + 5$	$4x^2 - 2x - 5$	
6. $C = (3x +2)(2x - 5)$ peut s'écrire	$6x - 10$	$- 5x - 10$	$6x^2 - 11x - 10$	
7. L'équation : $4x - 8 = 7x - (4 - x)$ a pour solution	2	$- 1$	$- 2$	
8. L'équation : $\frac{x - 2}{5} = \frac{1 - 5x}{2}$ a pour solution	$\frac{3}{11}$	$\frac{33}{9}$	$\frac{1}{3}$	
9. Si $5x \leqslant - 4$, alors	$x \leqslant - 9$	$x \leqslant -0,8$	$-\frac{4}{5} \geqslant x$	
10. Si $5 \leqslant 2x + 3 < 12$, alors	$0 \leqslant 2x < 9$	$2 \leqslant 2x < 9$	$1 \leqslant x < 4,5$	

2 **Problème géométrique**

On considère la figure ci-dessous avec les dimensions suivantes :
AD = 7 cm et DE = 15,2 cm.
Soit x la longueur CE.

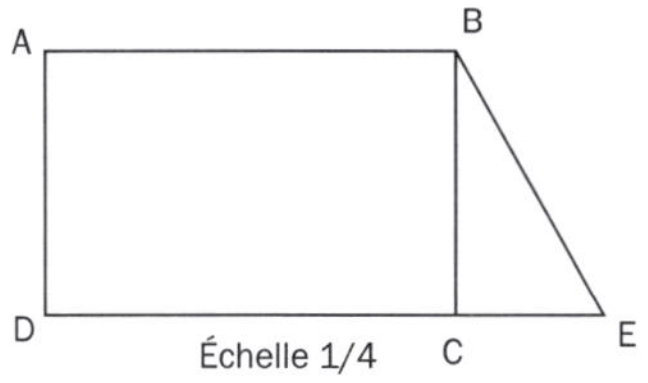

1. Exprimez en fonction de x et en centimètres carrés :

a. L'aire A_R du rectangle ABCD.

....

b. L'aire A_T du triangle BCE.

....

2. Déterminez x pour que l'aire du rectangle ABCD soit égale aux $\frac{9}{5}$ de l'aire du triangle BCE :

....

....

....

3. Calculez les aires A_R et A_T pour la valeur de x trouvée.

....

....

....

....

Bilan 5

Ce bilan valide les acquis des séquences 16 à 18.

1 **Pour chacune des questions suivantes, il peut y avoir une ou plusieurs réponses exactes. Indiquez-les dans la colonne de droite.**

<table>
<tr><th>Questions</th><th>Réponse A</th><th>Réponse B</th><th>Réponse C</th><th>Votre choix</th></tr>
<tr><td>1. Dans quel(s) cas les grandeurs suivantes sont-elles proportionnelles ?</td><td>Le poids x d'un individu et son âge y</td><td>Le volume V d'un cylindre et sa hauteur h</td><td>Le prix P d'une conversation téléphonique et sa durée d</td><td></td></tr>
<tr><td>2. Si le tableau ci-dessous est un tableau de proportionnalité alors x peut s'écrire ......<table><tr><td>14</td><td>x</td></tr><tr><td>63</td><td>99</td></tr></table></td><td>$99 \times \frac{14}{63}$</td><td>50</td><td>22</td><td></td></tr>
<tr><td>3. Le coefficient k du tableau de proportionnalité ci-dessous est ......<table><tr><td>4</td><td>0,8</td><td>28</td></tr><tr><td>3</td><td>0,6</td><td>21</td></tr></table>$\times k$</td><td>$\frac{28}{21}$</td><td>$\frac{3}{4}$</td><td>0,75</td><td></td></tr>
<tr><td>4. Si 5 kg de pommes coûtent 7 € alors 7,5 kg coûtent ......</td><td>10,5 €</td><td>9,5 €</td><td>10 €</td><td></td></tr>
<tr><td>5. Dans quel(s) cas les points A et M sont-ils la représentation graphique d'une situation de proportionnalité ?</td><td>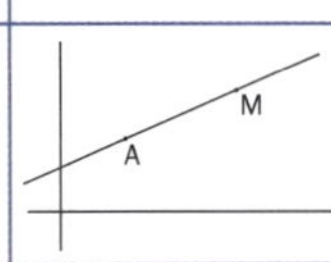</td><td>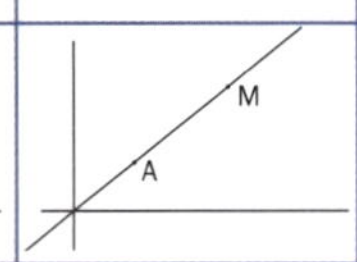</td><td>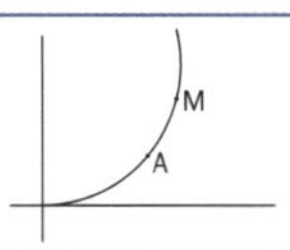</td><td></td></tr>
<tr><td>6. Lors des soldes, le prix d'un vêtement est passé de 56 € à 42 €. Quel est le pourcentage de réduction ?</td><td>14 %</td><td>25 %</td><td>75 %</td><td></td></tr>
<tr><td>7. À la vitesse constante de 18 km.h^{-1}, pour faire 12 km, il faut ......</td><td>12 min</td><td>40 min</td><td>1 h 30</td><td></td></tr>
<tr><td>8. Noé a fait 183,6 km en 3 heures. Sa vitesse moyenne est de ......</td><td>61,2 km.h^{-1}</td><td>17 m.s^{-1}</td><td>1 020 m.min^{-1}</td><td></td></tr>
</table>

2 **Cyclisme féminin**

Deux cyclistes, Élodie et Naïma, s'entraînent sur un circuit fermé de 400 m de longueur. Pour commencer, elles font chacune 10 tours de circuit ; Élodie met 8 min et Naïma 7 min 30 s.

1. Quelle est la vitesse moyenne de chacune ?

....

2. Quel pourcentage de la vitesse de Naïma représente la vitesse d'Élodie ?

....

3. Pour poursuivre leur séance d'entraînement, elles procèdent de la façon suivante : sur une route, Élodie démarre la première et Naïma part quand Élodie a déjà parcouru 400 m. Au bout de combien de temps Naïma sera-t-elle revenue à la hauteur d'Élodie ? Quelle distance chacune aura-t-elle alors parcourue ?

....

....

....

Bilan 6

Ce bilan valide les acquis des séquences 19 à 21.

1 **Pour chacune des questions suivantes, il peut y avoir une ou plusieurs réponses exactes. Indiquez-les dans la colonne de droite.**

<table>
<tr><th>Questions</th><th>Réponse A</th><th>Réponse B</th><th>Réponse C</th><th>Votre choix</th></tr>
<tr><td>1. Dans ce diagramme circulaire, la mesure en degrés du secteur jaune est de ......
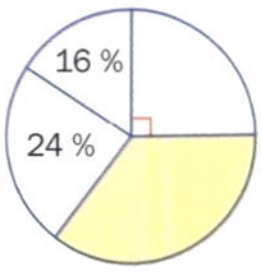
</td><td>35 %</td><td>260°</td><td>126°</td><td></td></tr>
<tr><td>2. Le tableau suivant concerne les notes en rédaction d'un groupe de 15 élèves.
Dans ce tableau, x = ...
<table>
<tr><td>Note</td><td>8</td><td>9</td><td>10</td><td>11</td><td>14</td></tr>
<tr><td>Effectifs</td><td>2</td><td>x</td><td>2</td><td></td><td>y</td></tr>
<tr><td>Effectifs cumulés</td><td></td><td>7</td><td></td><td>14</td><td></td></tr>
<tr><td>Fréquences cumulées</td><td></td><td></td><td>z</td><td></td><td></td></tr>
</table></td><td>2</td><td>5</td><td>9</td><td></td></tr>
<tr><td>3. Dans le tableau précédent, y = ...</td><td>2</td><td>15</td><td>1</td><td></td></tr>
<tr><td>4. Dans le tableau précédent, z = ...</td><td>0,6</td><td>60 %</td><td>$\frac{9}{15}$</td><td></td></tr>
<tr><td>5. Un élève a obtenu les notes suivantes : 3 ; 7 ; 16 ; 8 et x. Si sa moyenne est 10, alors x est égal à ......</td><td>10</td><td>16</td><td>20</td><td></td></tr>
<tr><td>6. Lors d'une course, un coureur cycliste a parcouru les 120 premiers kilomètres à une vitesse moyenne de 40 km.h^{-1} et les 120 kilomètres suivants à une vitesse moyenne de 24 km.h^{-1}.
Sa vitesse moyenne sur l'ensemble de la course est ......</td><td>32</td><td>30</td><td>28</td><td></td></tr>
</table>

2 **Quand les bagages voyagent...**

Une compagnie aérienne décide d'évaluer le poids moyen des bagages transportés lors d'un voyage transatlantique. Lors de l'enregistrement des 50 passagers, on a relevé les poids suivants en kg :

52,2 ; 3,8 ; 25 ; 19 ; 42 ; 17,4 ; 25 ; 6 ; 41,2 ; 32 ; 18,7 ; 49,5 ; 17 ; 19 ; 11,5 ; 28 ; 10,4 ; 52 ; 20 ; 12,8 ; 17 ; 28,3 ; 7,9 ; 50 ; 19 ; 22,5 ; 23 ; 26,4 ; 8 ; 30 ; 9 ; 13,5 ; 17,4 ; 7,5 ; 36 ; 18 ; 49 ; 21,7 ; 19 ; 57 ; 34 ; 31,5 ; 28 ; 14,2 ; 48,3 ; 10 ; 22,8 ; 26,5 ; 19 ; 42.

1. Réalisez un tableau d'effectifs avec des classes d'amplitude 10 et déterminez les centres de classes.

2. En utilisant les centres de classe, calculez le poids moyen des bagages transportés.

....

....

3. La compagnie fait payer un supplément à partir de 30 kg de bagages. Combien de passagers doivent payer ce supplément ?

....

Bilan 7

Ce bilan valide les acquis des séquences 22 à 24.

1 **Pour chacune des questions suivantes, il peut y avoir une ou plusieurs réponses exactes. Indiquez-les dans la colonne de droite.**

Questions	Réponse A	Réponse B	Réponse C	Votre choix
1. Par quel(s) mots peut-on compléter la phrase suivante ? « ABCD est un parallélogramme ...... [AB] et [CD] sont parallèles »	donc	car	par conséquent	
2. Dans la figure ci-contre (ED) // (BC), AC = 8 et ED = 1,5 donc AD = ... et BC = ... 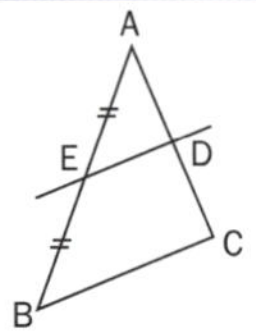	AD = 3 et BC = 3	AD = 4 et BC = 3	AD = 5 et BC = 5	
3. Dans la figure ci-contre, on peut affirmer que ...... 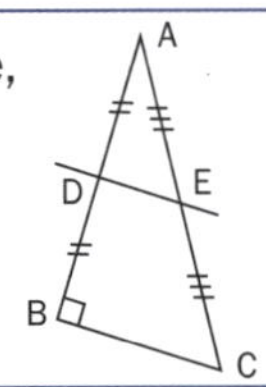	(DE) // (BC)	(DE) ⊥ (AB)	$\widehat{AED} = \widehat{ECB}$	
4. Dans cette figure, (DE) // (BC), donc on peut affirmer que : ...... 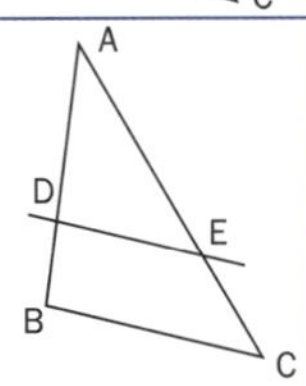	$\frac{AD}{AB} = \frac{DE}{BC}$	$\frac{BD}{BA} = \frac{AE}{AC}$	$\frac{BC}{DE} = \frac{AB}{AC}$	
5. Dans cette figure, (BF) // (CG), donc on peut affirmer que ...... 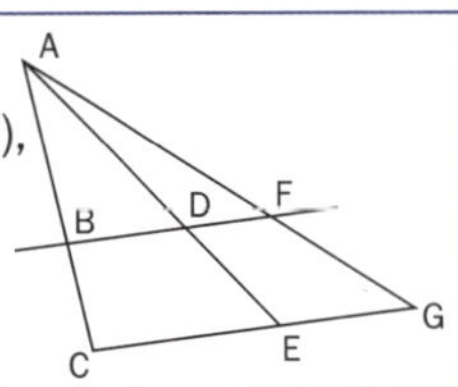	$\frac{AB}{AC} = \frac{AG}{AF}$	$\frac{AD}{AE} = \frac{DF}{EG}$	$\frac{BD}{CE} = \frac{DF}{EG}$	
6. Dans le triangle ABC, (EC) // (AB), ED = 2, DC = 3, EC = 4 et CB = 6, donc ...... 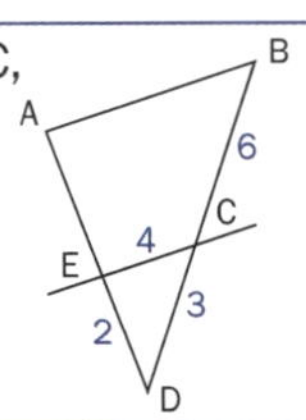	AB = 12	DA = 6	AE = 2	

2 **Parallélogramme**

Soit ABCD un parallélogramme de centre O tel que BD = 6 cm et AC = 8 cm.

1. Soit E le symétrique de B par rapport à C.

a. Faites la figure.

b. Démontrez que (OC) et (DE) sont parallèles.

c. Calculez DE.

2. Soit M un point de la demi-droite [BD) tel que BM > BD. On pose DM = x. La parallèle à (DE) qui passe par M coupe [BE) en M'.

a. Calculez MM' pour x = 2.

b. Calculez x pour que MM' = 10.

Bilan 8

Ce bilan valide les acquis des séquences 25 à 27.

1 **Pour chacune des questions suivantes, il peut y avoir une ou plusieurs réponses exactes. Indiquez-les dans la colonne de droite.**

Questions	Réponse A	Réponse B	Réponse C	Votre choix
1. Le point équidistant des trois sommets d'un triangle est le point de concours des	médiatrices	médianes	hauteurs	
2. Sur cette figure, (GI) est une ...... 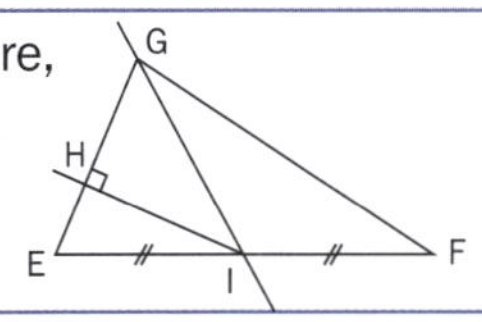	médiatrice	médiane du triangle GEF	bissectrice du triangle GEF	
3. Sur la figure de la question précédente, (HI) est une	médiatrice	hauteur du triangle GEF	hauteur du triangle GEI	
4. Dans le triangle ADM (AS) est une ...... 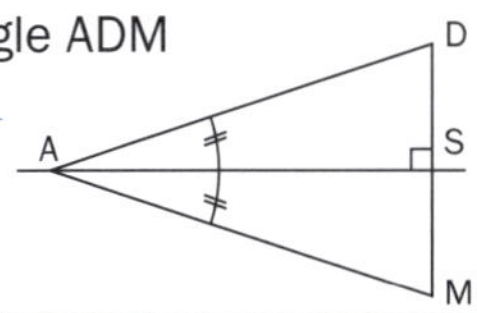	bissectrice	hauteur	médiatrice	
5. Dans le triangle ABC on a ...... 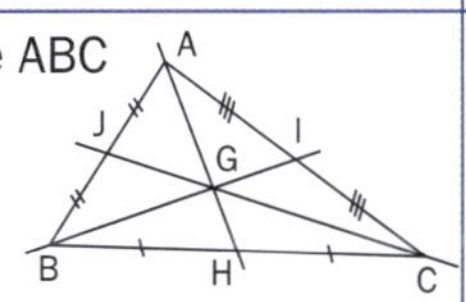	$BG = \frac{1}{3}\ BI$	$BG = \frac{2}{3}\ BI$	$HG = \frac{1}{2}\ AG$	
6. Sur cette figure ...... 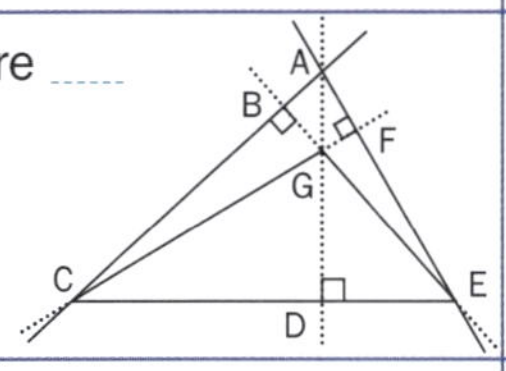	G est le point de concours des hauteurs du triangle ACE.	C est le point de concours des hauteurs du triangle AGE.	A est le point de concours des hauteurs du triangle GCE.	
7. Sur cette figure ...... 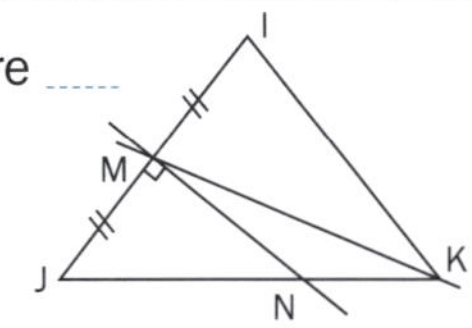	(MK) est la médiatrice de [IJ].	(MN) est la médiatrice de [IJ]	NI = NJ	
8. Dans le triangle ADM, la droite (SM) est une ...... 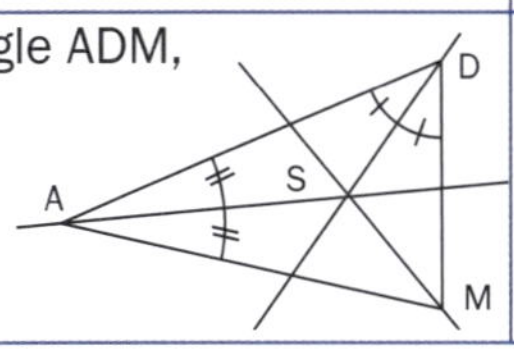	médiatrice	bissectrice	médiane	

2 **Losange et triangle**

Soit ABCD un losange tel que :
AC = 9 cm et BD = 4 cm.
La médiatrice de [AD] coupe [AD] en F, [BD] en H et [AC] en I. La droite (CF) coupe (BD) en J.

1. Faites la construction.

2. Que représente H pour le triangle ADC ? Démontrez-le.

3. Que représente J pour le triangle ADC ? Démontrez-le.

4. Que représente I pour le triangle AHD ? Démontrez-le.

Bilan 9

Ce bilan valide les acquis des séquences 28 à 32.

1 Pour chacune des questions suivantes, il peut y avoir une ou plusieurs réponses exactes. Indiquez-les dans la colonne de droite.

Questions	Réponse A	Réponse B	Réponse C	Votre choix
1. Le triangle ABC est rectangle en A, on peut donc affirmer que ...... 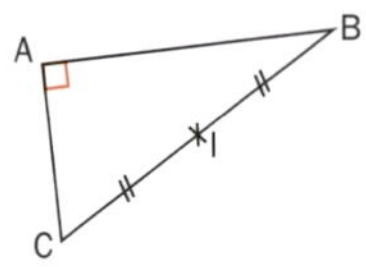	AIB est isocèle en I	I est le centre du cercle circonscrit au triangle ABC	AIC est équilatéral	
2. Si ABC est un triangle tel que AB = 1,5 cm, AC = 2,5 cm et BC = 2 cm, alors	ABC est rectangle en B	ABC est rectangle en A	ABC n'est pas rectangle	
3. Si ABC est rectangle en A et si AB = 36 mm et BC = 45 mm, alors	AC ≈ 57 mm	AC = 27 mm	$\widehat{B} \approx 37°$	
4. Si ABC est un triangle tel que AB = 8 cm, AC = 6 cm et BC = 10 cm, alors	Le triangle ABC est rectangle en C	La tangente en A au cercle de centre C et de rayon AC est la droite (AB)	Le triangle ABC est rectangle en B	
5. ABC est un triangle rectangle en A, donc ...... 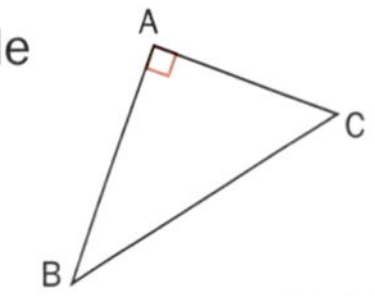	$AC^2 = AB^2 + BC^2$	$AC^2 = BC^2 - AB^2$	AC = BC − AB	
6. Les triangles ABC et AED sont rectangles respectivement en B et en E, donc ...... 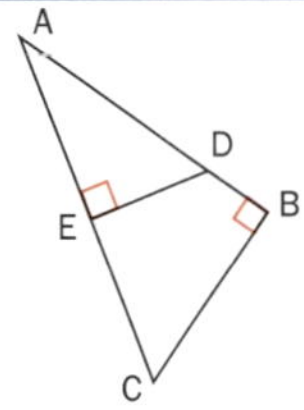	$\cos \widehat{CAB} = \dfrac{CA}{CB}$	$\cos \widehat{CAB} = \dfrac{AB}{AC}$	$\cos \widehat{CAB} = \dfrac{AE}{AD}$	

2 Construction et mesures

L'unité de longueur est le millimètre.

1. Construisez le triangle ABC tel que AB = 80, AC = 48 et BC = 64. Démontrez que ce triangle est rectangle en C.

....

2. Soit I le milieu de [AB]. Démontrez que le cercle de centre I qui passe par A, passe aussi par B et C.

....

3. Calculez au degré près la mesure de l'angle $\widehat{CAB}$.

....

....

4. Sur le segment [AC], placez le point J tel AJ = 35. La perpendiculaire à [AC] qui passe par J coupe [AB] en K. Calculez, au mm près, la longueur du segment [AK].

....

....

Bilan 10

Ce bilan valide les acquis des séquences 33 à 37.

1 **Pour chacune des questions suivantes, il peut y avoir une ou plusieurs réponses exactes. Indiquez-les dans la colonne de droite.**

Questions	Réponse A	Réponse B	Réponse C	Votre choix
1. Dans la translation qui transforme A en G, ... 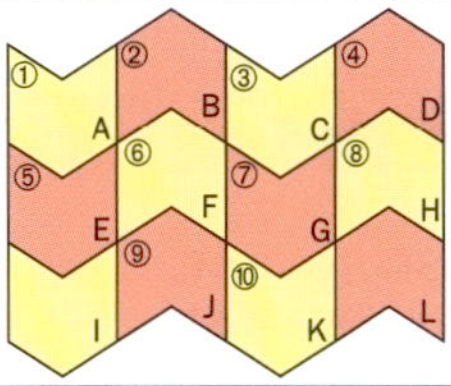	l'image de la figure ① est la figure ⑩	l'image de la figure ① est la figure ⑧	l'image du point B est H	
2. Sur la figure de la question précédente, ④ est l'image de ⑨ dans la translation qui transforme	F en D	F en C	I en C	
3. Le volume d'un cône de rayon 2 et de hauteur 5 est égal à	$\frac{\pi \times 2^2 \times 5}{3}$	$\frac{\pi \times 2 \times 5^2}{3}$	$\frac{1}{3} \pi \times 2^2 \times 5$	
4. SABCD est une pyramide régulière. SCB est un triangle ...... 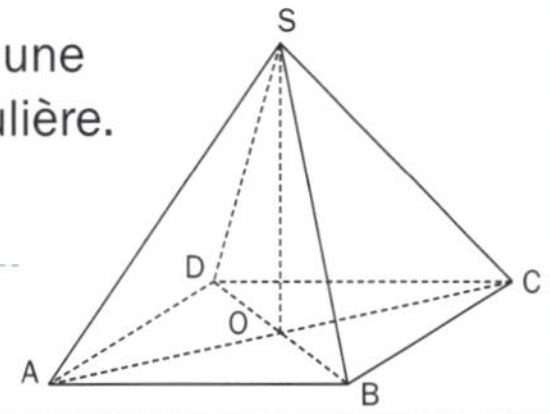	rectangle	isocèle	équilatéral	
5. Un bac de glace a la forme d'un parallélépipède rectangle de dimensions a = 15 cm, b = 10 cm et c = 7 cm. Son volume est de ...... 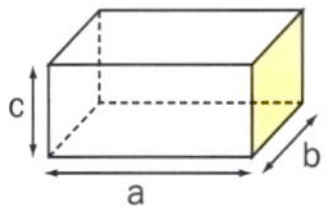	350 cm³	1 050 cm³	1,05 litre	
6. Voici le patron d'un cône. Dans ce cas, ... 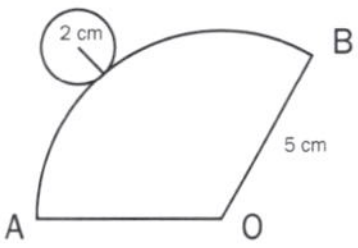	la hauteur du cône mesure 5 cm	la génératrice du cône mesure 5 cm	l'arc $\overset{\frown}{AB}$ mesure 4π cm	

2 **Sablier**

Pour fabriquer un sablier, on a creusé deux cônes identiques dans un bloc de cristal, comme l'indique la figure ci-contre. Ce bloc a la forme d'un parallélépipède à section carrée de côté 3 cm et de hauteur 8 cm.

1. Calculez la longueur de la génératrice de ces cônes au mm près.

....

2. Calculez le volume d'un de ces cônes.

....

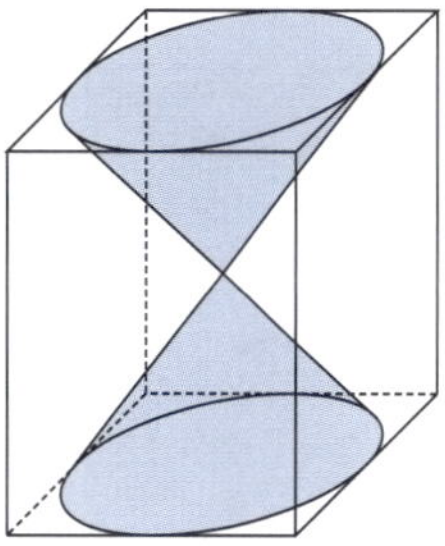

3. Sachant que le cristal a une masse de 3,35 g par cm³, quelle est la masse de cet objet, au gramme près ?

....

chapitre 1 p. 9

1 a. $(-9)+(+15)=\mathbf{+6}$. $(-12)+(-11)=\mathbf{-23}$.
$(+9)+(-15)=\mathbf{-6}$. $(-9)+(-15)=\mathbf{-24}$.

b. $(-3)+(+5)=\mathbf{+2}$. $(-18)+(+24)=\mathbf{+6}$.
$(+17)+(-29)=\mathbf{-12}$. $(-9{,}5)+(+1{,}5)=\mathbf{-8}$.

c. $-3+6=\mathbf{+3}$. $-5+17=\mathbf{+12}$.
$-1{,}8+11{,}4=\mathbf{9{,}6}$. $-124+124=\mathbf{0}$.
$-3{,}24+3{,}024=\mathbf{-0{,}216}$.

2 a. $(+17)-(+8)=(+17)+(\mathbf{-8})=\mathbf{+9}$.
$(+9)-(-12)=(+9)+(\mathbf{+12})=\mathbf{+21}$.
$(-13)-(-8)=(-13)+(\mathbf{+8})=\mathbf{-5}$.

b. $(+8)-(-13)=\mathbf{+21}$. $(-8)-(-13)=\mathbf{+5}$.
$(+8)-(+1{,}7)=\mathbf{+6{,}3}$. $(-12)-(+9)=\mathbf{-21}$.

c. $-14-7=\mathbf{-21}$. $15-31=\mathbf{-16}$.
$31-15=\mathbf{+16}$. $-15-15=\mathbf{-30}$.

☛ Pour soustraire un nombre, on additionne son opposé.

3 a. On remplace les lettres par leur valeur en mettant entre parenthèses le 2e nombre, qui est négatif, puis on effectue les calculs.

■ $a+b=2+(-3)$
$a+b=\mathbf{-1}$.

■ $-a+b=-2+(-3)$
$-a+b=\mathbf{-5}$.

■ $a-b=2-(-3)$
$a-b=2+(+3)$
$a-b=\mathbf{+5}$.

■ $-a-b=-2-(-3)$
$-a-b=-2+3$
$-a-b=\mathbf{1}$.

b.

a	2	- 3	- 5,1	- 5,32
b	- 2	- 2	3,2	- 4,68
a + b	**0**	**- 5**	**- 1,9**	**- 10**
a - b	**4**	**- 1**	**- 8,3**	**- 0,64**
- a + b	**- 4**	**1**	**8,3**	**0,64**
- a - b	**0**	**5**	**1,9**	**10**

4 $A=-2-3-4+2+3+4$
$A=-2+2-3+3-4+4$
$\mathbf{A=0}$.

$B=-29+33-11-25+50$
$B=-29-11-25+33+50$
$B=-65+83$
$B=\mathbf{+18}$.

$C=42+5{,}5-44+4{,}5$
$C=42-44+5{,}5+4{,}5$
$C=-2+10$
$C=\mathbf{+8}$.

$D=-24-19-(14-28)+(-15-26)$
$D=-43-(-14)+(-41)$
$D=-43+14-41$
$D=\mathbf{-70}$.

5

Joueurs	1er jet	2e jet	3e jet	Total
Lilian	(P,3)= + 3	(F,2) = - 2	(F,4) = - 4	- 3
Pierre-Jean	(F,5) = - 5	(P,1) = + 1	(F,2) = - 2	- 6
Léa	(F,6) = - 6	(F,6) = - 6	(P,4) = + 4	- 8
Pascal	(P,1) = + 1	(P,2) = + 2	(F,5) = - 5	- 2

Le gagnant est **Pascal**.

chapitre 2 p. 11

1 $(-3)\times(-2)=\mathbf{6}$.
$7\times(-9)=\mathbf{-63}$.
$(-2)\times(-3)\times(-5)\times 6=\mathbf{-180}$.
$(-2)\times(-100)\times(-0{,}5)\times 0{,}01=\mathbf{-1}$.
$\frac{-9}{-3}=\mathbf{+3}$.
$\frac{56}{-7}=\mathbf{-8}$.
$\frac{-7{,}5}{2{,}5}=\mathbf{-3}$.

2 a. inv $(-0{,}01)=\mathbf{-100}$. inv $(-0{,}25)=\mathbf{-4}$.
inv $(0{,}125)=\mathbf{+8}$. inv $(0{,}05)=\mathbf{+20}$.

b. $7\div(-0{,}01)=7\times(-100)=\mathbf{-700}$.
$-7\div(-0{,}25)=-7\times(-4)=\mathbf{+28}$.
$-8\div 0{,}125=-8\times 8=\mathbf{-64}$.
$-42\div 0{,}05=-42\times 20=\mathbf{-840}$.

☛ On utilise la règle : « diviser par un nombre, c'est multiplier par son inverse ».

3 $A=-3\times 2+(-5)\times(-2)$
$A=-6+10$
$\mathbf{A=+4}$.

$B=-8\times 5-5+9\div(-3)+6$
$B=-40-5-3+6$
$B=-48+6$
$\mathbf{B=-42}$.

$C=(-1)\times(-1)\times(-1)\times(-1)\times(-1)\times(-1)$
$C=1\times 1\times 1$
$\mathbf{C=+1}$.

☛ Ne pas oublier que la multiplication et la division sont prioritaires sur l'addition et la soustraction.

4 $D=\frac{7\times(-5)}{-3+8}=\frac{-35}{5}=\mathbf{-7}$.

$E=\frac{-8+2}{6\div(-2)}=\frac{-6}{-3}=\mathbf{+2}$.

$F=\frac{7\times(-5)+5}{9-(-12)\div(-4)}=\frac{-35+5}{9-3}=\frac{-30}{6}=\mathbf{-5}$.

☛ Attention, il ne faut pas oublier qu'un trait de fraction joue le rôle d'une parenthèse : par exemple, pour le calcul E, il faut taper le calcul $(-8+2)\div(6\div(-2))$.

▸ **5**

a	b	c	$b \div c$	$a \times b$	$a \times c$	$(a \times b) \div (a \times c)$
- 3	12	- 4	**- 3**	**- 36**	**12**	**- 3**
5	- 5	- 0,01	**500**	**- 25**	**- 0,05**	**500**
0,25	**11**	- 2	- 5,5	**2,75**	**- 0,5**	**- 5,5**
- 0,8	**- 9**	3	**- 3**	7,2	**- 2,4**	**- 3**

Pour les quatre séries de valeurs, $b \div c = (a \times b) \div (a \times c)$.
On peut justifier cette égalité en écrivant $(a \times b) \div (a \times c)$ sous la forme d'une fraction et en simplifiant par a :

$$\frac{a \times b}{a \times c} = \frac{b}{c} = b \div c.$$

chapitre 3 p. 13

▸ **1** $\frac{55}{8} = \mathbf{6{,}875}$.

$\frac{-7}{25} = \mathbf{-0{,}28}$.

$\frac{-66}{10\,000} = \mathbf{-0{,}006\,6}$.

$\mathbf{\frac{53}{42}}$ **n'a pas d'écriture décimale** car la division « ne se termine pas ».

$\frac{-495}{-99} = \mathbf{5}$.

☛ On n'oublie pas qu'un entier est un décimal.

▸ **2** On s'intéresse dès le début au signe du quotient et on décompose les nombres en produits de facteurs, afin de faire apparaître des facteurs communs qu'on pourra simplifier.

$\frac{-121}{-77} = \frac{11 \times 11}{11 \times 7} = \mathbf{\frac{11}{7}}$.

$\frac{0{,}5}{4{,}5} = \frac{5}{45} = \frac{5 \times 1}{9 \times 5} = \mathbf{\frac{1}{9}}$.

$\frac{0{,}72}{-6{,}4} = \frac{-72}{640} = \frac{-8 \times 9}{8 \times 80} = \mathbf{\frac{-9}{80}}$.

$\frac{-3{,}5}{14} = \frac{-35}{140} = \frac{-7 \times 5 \times 1}{7 \times 5 \times 4} = \mathbf{\frac{-1}{4}}$.

▸ **3** $\frac{4 \times (-7)}{21 \times (-2)} = \frac{2 \times 2 \times 7}{3 \times 7 \times 2} = \mathbf{\frac{2}{3}}$.

$\frac{48 \times (-1) \times (-22)}{(-8) \times 33} = \frac{-8 \times 3 \times 2 \times 1 \times 11 \times 2}{8 \times 3 \times 11} = \mathbf{-4}$.

▸ **4** a. L'élève a oublié le signe « – » à la 2e étape et a « simplifié » les termes d'une somme au lieu des facteurs d'un produit à la 3e étape.

b. $\frac{54}{-324} = -\frac{18 \times 3}{108 \times 3} = \frac{-9 \times 2}{9 \times 12} = \frac{-2}{2 \times 6}$

$= -\mathbf{\frac{1}{6}}$.

▸ **5** a. $\frac{24}{69} \approx \mathbf{0{,}348}$.

inv $(-17) = \frac{-1}{17} \approx \mathbf{-0{,}059}$.

inv $(-0{,}13) = \frac{-1}{0{,}13} \approx \mathbf{-7{,}692}$.

$\frac{-1}{-9+2} \approx \mathbf{0{,}143}$.

b. $\frac{355}{113} \approx 3{,}141593$. Ce nombre fait penser à π ($\pi \approx 3{,}1415926$).

▸ **6**

Quotients	Affichage calculatrice avec 5 décimales	Valeur approchée par défaut à l'unité	Valeur approchée par excès à l'unité	Arrondi à l'unité	Valeur approchée par défaut au millième	Valeur approchée par excès au millième	Arrondi au millième
$\frac{56}{17}$	**3,29411**	**3**	**4**	**3**	**3,294**	**3,295**	**3,294**
$\frac{267}{123}$	**2,17073**	**2**	**3**	**2**	**2,170**	**2,171**	**2,171**

chapitre 4 p. 15

1 a. On décompose 24 et 20 en produits de facteurs : $24 = 6 \times 4$ et $20 = 5 \times 4$.

On choisit donc $6 \times 4 \times 5 = 120$ comme dénominateur commun.

$a = \frac{7 \times 5}{24 \times 5} = \mathbf{\frac{35}{120}}$ et $b = \frac{9 \times 6}{20 \times 6} = \mathbf{\frac{54}{120}}$.

b. $a + b = \frac{35}{120} + \frac{54}{120} = \mathbf{\frac{89}{120}}$.

c. $a - b = \frac{35}{120} - \frac{54}{120} = \mathbf{\frac{-19}{120}}$.

d. $\boldsymbol{a < b}$ car le numérateur de a est inférieur au numérateur de b (35 < 54).

2 $F = \frac{5}{8} + \frac{-5}{16}$

$F = \frac{5 \times 2}{8 \times 2} + \frac{-5}{16}$

$F = \frac{10 - 5}{16} = \mathbf{\frac{5}{16}}$.

$G = \frac{-3}{2} - \frac{8}{7}$.

$G = \frac{-3 \times 7}{2 \times 7} - \frac{8 \times 2}{7 \times 2}$

$G = \frac{-21 - 16}{14} = \mathbf{\frac{-37}{14}}$.

$H = \frac{5}{12} + \frac{7}{-18}$

$H = \frac{5 \times 3}{6 \times 2 \times 3} + \frac{-7 \times 2}{6 \times 3 \times 2}$

$H = \frac{15 - 14}{36} = \mathbf{\frac{1}{36}}$.

☛ On cherche toujours à prendre le dénominateur le plus petit possible. Dans le calcul H, on évite de prendre 12×18.

☛ Il est plus pratique d'avoir un dénominateur positif. À la 1re étape du calcul H, on écrit $\frac{-7}{18}$ au lieu de $\frac{7}{-18}$.

$I = -9 + \frac{7}{6}$

$I = \frac{-9 \times 6}{1 \times 6} + \frac{7}{6}$

$I = \frac{-54 + 7}{6} = \mathbf{\frac{-47}{6}}$.

$J = \frac{3,9}{1,4} + \frac{1}{0,21}$

$J = \frac{39}{14} + \frac{100}{21}$

$J = \frac{39 \times 3}{7 \times 3 \times 2} + \frac{100 \times 2}{7 \times 3 \times 2}$

$J = \frac{117 + 200}{42} = \mathbf{\frac{317}{42}}$.

$K = \frac{1}{2} - \frac{1}{3} + \frac{1}{4}$

$K = \frac{1 \times 2 \times 3}{2 \times 2 \times 3} - \frac{1 \times 2 \times 2}{3 \times 2 \times 2} + \frac{1 \times 3}{2 \times 2 \times 3}$

$K = \frac{6 - 4 + 3}{12} = \mathbf{\frac{5}{12}}$.

$L = -\frac{8}{5} + \frac{7}{4} + \frac{-3}{10}$

$L = \frac{-8 \times 2 \times 2}{5 \times 2 \times 2} + \frac{7 \times 5}{2 \times 2 \times 5} + \frac{-3 \times 2}{5 \times 2 \times 2}$

$L = \frac{-32 + 35 - 6}{20} = \mathbf{\frac{-3}{20}}$.

3

	$a + b$	$a - b$	$7 - a - b$
$a = \frac{2}{3}$ et $b = \frac{-5}{9}$	$\mathbf{\frac{1}{9}}$	$\mathbf{\frac{11}{9}}$	$\mathbf{\frac{62}{9}}$
$a = \frac{8}{15}$ et $b = \frac{9}{25}$	$\mathbf{\frac{67}{75}}$	$\mathbf{\frac{13}{75}}$	$\mathbf{\frac{458}{75}}$
$a = -4$ et $b = \frac{-7}{6}$	$\mathbf{\frac{-31}{6}}$	$\mathbf{\frac{-17}{6}}$	$\mathbf{\frac{73}{6}}$

☛ On peut réduire a et b au même dénominateur avant d'effectuer les calculs, afin de rendre ces derniers plus simples.

4 a. On nomme x la fraction recherchée.

$x - \frac{11}{7} = \frac{2}{21}$

$x - \frac{33}{21} = \frac{2}{21}$

$x = \frac{2}{21} + \frac{33}{21} = \mathbf{\frac{35}{21}}$.

b. Soit y la fraction recherchée.

$y + 4 = \frac{17}{3}$

$y + \frac{12}{3} = \frac{17}{3}$

$y = \frac{17}{3} - \frac{12}{3} = \mathbf{\frac{5}{3}}$.

c. Soit z l'inconnue.

$\frac{-63}{35} + z = -3$

$\frac{-63}{35} + z = \frac{-105}{35}$

$z = \frac{-105}{35} - \frac{-63}{35} = \mathbf{\frac{-42}{35}}$.

d. Soit t l'inconnue.

$\frac{-9}{5} - t = 0$

$t = \mathbf{\frac{-9}{5}}$.

5 On peut représenter le total des dépenses par la fraction $\frac{1}{1}$, donc la fraction représentant les dépenses de la section sculpture est :

$$\frac{1}{1}-\frac{13}{21}-\frac{5}{14}=\frac{1\times 42}{42}-\frac{13\times 2}{7\times 3\times 2}-\frac{5\times 3}{7\times 2\times 3}$$
$$=\mathbf{\frac{1}{42}}.$$

6 On additionne les nombres de la diagonale, après avoir réduit les fractions au même dénominateur qui est 6.

$\frac{5}{2}=\frac{15}{6}$; $\frac{5}{3}=\frac{10}{6}$

$\frac{15}{6}+\frac{10}{6}+\frac{5}{6}=\mathbf{\frac{30}{6}}$.

On remplit les cases dans l'ordre indiqué.

$\frac{5}{2}$	⑤ $\mathbf{\frac{3}{6}}$	2
② $\mathbf{\frac{7}{6}}$	$\frac{5}{3}$	① $\mathbf{\frac{13}{6}}$
③ $\mathbf{\frac{8}{6}}$	④ $\mathbf{\frac{17}{6}}$	$\frac{5}{6}$

chapitre 5 p. 17

1

a	$-\frac{3}{7}$	$\frac{4}{5}$	-7	$\frac{1}{9}$	$\frac{-2}{-7}$
Opposé de *a*	$\mathbf{\frac{3}{7}}$	$\mathbf{\frac{-4}{5}}$	**7**	$\mathbf{\frac{-1}{9}}$	$\mathbf{\frac{-2}{7}}$
Inverse de *a*	$\mathbf{\frac{-7}{3}}$	$\mathbf{\frac{5}{4}}$	$\mathbf{\frac{-1}{7}}$	**9**	$\mathbf{\frac{7}{2}}$

☛ Un nombre et son inverse ont même signe.

2 $A=-\frac{4}{15}\times\frac{2}{-3}$

$A=\mathbf{\frac{8}{45}}$.

$B=\frac{3}{5}\times\frac{-7}{5}$

$B=\mathbf{\frac{-21}{25}}$.

$C=-36\times\frac{-5}{-18}\times\frac{11}{-35}$

$C=\frac{-18\times 2\times(-5)\times 11}{}$

$C=\mathbf{\frac{22}{7}}$.

$D=\frac{-2}{9}\div\frac{6}{5}$

$D=\frac{-2}{9}\times\frac{5}{6}$

$D=\frac{-2\times 5}{9\times 2\times 3}=\mathbf{\frac{-5}{27}}$.

$E=\dfrac{\frac{9}{-7}}{\frac{12}{49}}$

$E=\frac{-9}{7}\times\frac{49}{12}$

$E=\frac{-3\times 3\times 7\times 7}{7\times 4\times 3}=\mathbf{\frac{-21}{4}}$.

$F=\dfrac{\frac{8}{-3}}{2}$

$F=8\times\frac{-2}{3}$

$F=\mathbf{\frac{-16}{3}}$.

$G=\dfrac{\frac{8}{-3}}{2}$

$G=\frac{-8}{3}\times\frac{1}{2}$

$G=\frac{-4\times 2}{3\times 2}=\mathbf{\frac{-4}{3}}$.

$H=\dfrac{4+\frac{5}{3}}{4-\frac{5}{3}}$

$H=\dfrac{\frac{4\times 3}{3}+\frac{5}{3}}{\frac{4\times 3}{3}-\frac{5}{3}}$

$H=\dfrac{\frac{17}{3}}{\frac{7}{3}}$

$H=\frac{17}{3}\times\frac{3}{7}=\mathbf{\frac{17}{7}}$.

$I=-\frac{8}{5}+\frac{7}{-4}\times\frac{-8}{15}$

$I=-\frac{8}{5}+\frac{7\times 4\times 2}{4\times 3\times 5}$

$I=\frac{-8\times 3}{5\times 3}+\frac{14}{3\times 5}$

$I=\frac{-24+14}{15}$

$I=\frac{-5\times 2}{5\times 3}=\mathbf{-\frac{2}{3}}$.

3 a. $\frac{-1}{10}+\frac{13}{5}=\frac{5}{2}$ b. $\frac{-3}{8}-\frac{9}{-24}=0$

c. $\frac{-7}{4}\times\frac{4}{7}=-1$ d. $\frac{9}{4}\times\frac{5}{12}=\frac{15}{16}$

e. $\frac{3}{5}\div\frac{-5}{3}=\frac{-9}{25}$

4 a. Pour trouver le nombre de sachets, on divise la quantité totale par le contenu d'un sachet. On obtient le calcul suivant : $\mathbf{4{,}5\div\frac{1}{12}}$, qui peut aussi s'écrire $\mathbf{\dfrac{4{,}5}{\frac{1}{12}}}$.

Il fallait entourer ces deux expressions.

b. $4{,}5\div\frac{1}{12}=4{,}5\times 12=54$.

Il faut 54 sachets, donc **50 sachets ne suffisent pas.**

5 $A = a + b + \frac{c}{3}$

$A = -\frac{7}{3} + 5 + \frac{-14}{3}$

$A = \frac{-7 + 5 \times 3 - 14}{3}$

$A = \frac{-21 + 15}{3} = \mathbf{\frac{-6}{3}} = \mathbf{-2}.$

$B = 2 \times a - \frac{b}{c}$

$B = 2 \times \frac{-7}{3} - \frac{5}{-14}$

$B = \frac{-14 \times 14}{3 \times 14} + \frac{5 \times 3}{14 \times 3}$

$B = \frac{-196 + 15}{42} = -\mathbf{\frac{181}{42}}.$

$C = \frac{d}{b} \times \frac{c}{b}$

$C = \frac{2}{5} \times \frac{-14}{5}$

$C = \mathbf{\frac{-28}{25}}.$

$D = \frac{1}{a} - \frac{1}{b} - \frac{1}{c}$

$D = \frac{-3}{7} - \frac{1}{5} + \frac{1}{14}$

$D = \frac{-3 \times 2 \times 5}{7 \times 2 \times 5} - \frac{1 \times 2 \times 7}{5 \times 2 \times 7} + \frac{1 \times 5}{14 \times 5}$

$D = \frac{-30 - 14 + 5}{70} = \mathbf{\frac{-39}{70}}.$

6 a. Le numismate a donné $\frac{7}{12}$ de sa collection, il lui en reste $\frac{12}{12} - \frac{7}{12} = \frac{5}{12}$. Il vend les $\frac{3}{5}$ du reste, soit $\frac{3}{5}$ de $\frac{5}{12}$, c'est-à-dire
$\frac{3}{5} \times \frac{5}{12} = \frac{3}{12} = \frac{1}{4}.$
Il a donc vendu $\mathbf{\frac{1}{4}}$ de sa collection.

b. Il s'est séparé de $\frac{7}{12} + \frac{1}{4} = \frac{7}{12} + \frac{3}{12} = \mathbf{\frac{5}{6}}$ de sa collection.

c. $\frac{7}{12}$ de la collection correspondent à 119 pièces, donc $\frac{1}{12}$ de la collection correspond à
$119 \div 7 = 17$ pièces.
Le numismate a vendu $\frac{3}{12}$ de sa collection, soit
$3 \times 17 =$ **51 pièces.**

chapitre 6 p. 19

1 a. $2 \times (3 \times x) = \mathbf{6x}$.

b. $\mathbf{\frac{1}{4}x + 5}$.

c. $(2 \times x) \times \frac{x}{2} = \frac{2x^2}{2} = \mathbf{x^2}$.

2 a. $A = a \times b = \mathbf{ab}$.

b. $A' = (2 \times a) \times (3 \times b) = 2 \times 3 \times a \times b = \mathbf{6ab}$.
$A' = 6ab = \mathbf{6A}$.
L'aire a été multipliée par 6.

3 $A = -3 \times a \times b$
$A = \mathbf{-3ab}.$
$B = 5a \times 4b$
$B = 5 \times 4 \times ab$
$B = \mathbf{20ab}.$
$C = (-4x) \times (-4y)$
$C = +4 \times 4 \times xy$
$C = \mathbf{16xy}.$
$D = (3x) \times 5x$
$D = 3 \times 5 \times x \times x$
$D = \mathbf{15x^2}.$
$E = 3a \times 4b + 2a \times a$
$E = 3 \times 4\, ab + 2a^2$
$E = \mathbf{12ab + 2a^2}.$

4 a. Le triangle ABC est isocèle en C,
donc $\widehat{BAC} = \widehat{ABC} = x$.
La somme des angles d'un triangle est égale à 180°,
donc $\widehat{BCA} = 180° - 2 \times x = \mathbf{180° - 2x}$.

b. [BE) est perpendiculaire à (AD), donc $\widehat{ABE} = 90°$.
Par conséquent, $\widehat{EBC} = 90° - x$.
Or la demi-droite [By) est la bissectrice de $\widehat{EBC}$,
donc $\widehat{CBy} = \frac{\widehat{EBC}}{2} = \mathbf{\frac{90° - x}{2}}$.

5 a. $\frac{4}{5}$ de x s'écrit $\frac{4}{5}x$,
donc $\mathbf{P = \frac{4}{5}x}$.
$\mathbf{M = x - 15}$.
$\mathbf{T} = x + \frac{4}{5}x + x - 15 = \mathbf{\frac{14}{5}x - 15}$.

b. $R = \frac{14}{5} \times 40 - 15 = 97$.
La récolte est de **97 kilos**.

chapitre 7 p. 21

1 Voir le tableau page suivante.

Équations	Solutions d'Yvan	Vrai / Faux	Corrections
$x - 3 = -7$	$x - 3 + 3 = -7 + 3$ donc $x = -4$	Vrai	
$\frac{x}{5} = 0$	$x = 0 - 5$ donc $x = -5$	Faux	Yvan aurait dû multiplier par 5 les deux membres et trouver $x = 5 \times 0 = 0$.
$-4x = 5$	$x = 5 + 4$ donc $x = 9$	Faux	Yvan aurait dû diviser par (– 4) les deux membres et trouver $x = \frac{5}{-4} = \frac{-5}{4}$.
$4x = -7$	$x = -7 \div 4$ donc $x = -1,75$	Vrai	
$2x + 6 = 0$	$2x = -6$ $x = -6 \div (-2)$ donc $x = 3$	Faux	Il aurait dû diviser les deux membres par + 2 et trouver $x = -3$.
$-8 = x$	donc $x = +8$	Faux	$-8 = x$ équivaut à $x = -8$.
$8 - x = 12$	$x = 12 + 8$ donc $x = 20$	Faux	Yvan aurait dû soustraire 8 dans les deux membres et trouver $-x = 12 - 8 = 4$, soit $x = -4$.

› 2

$x - 5 = 3$

$x - 5 + 5 = 3 + 5$

$x = 8$

La solution est **8**.

$-1 = 4 + x$

$-1 - 4 = 4 + x - 4$

$x = -5$

La solution est **– 5**.

$-5x = 0$

$x = \frac{0}{-5}$

$x = 0$

La solution est **0**.

$\frac{-x}{6} = 2$

$\frac{-x}{6} \times (-6) = 2 \times (-6)$

$x = -12$

La solution est **– 12**.

$\frac{3}{4}x = -6$

$\frac{3}{4}x \times \frac{4}{3} = -6 \times \frac{4}{3}$

$x = \frac{-3 \times 2 \times 4}{3}$

$x = -8$

La solution est **– 8**.

$5 - x = 8$

$5 - x - 5 = 8 - 5$

$-x = 3$

$x = -3$

La solution est **– 3**.

$3x + 7 = 18$

$3x = 18 - 7$

$3x = 11$

$x = \frac{11}{3}$

La solution est $\mathbf{\frac{11}{3}}$.

$x - \frac{1}{3} = \frac{2}{7}$

$x = \frac{2}{7} + \frac{1}{3}$

$x = \frac{2 \times 3}{7 \times 3} + \frac{1 \times 7}{3 \times 7}$

$x = \frac{6}{21} + \frac{7}{21} = \frac{13}{21}$

La solution est $\mathbf{\frac{13}{21}}$.

› 3

Équations	Calculs avec 6	6 est solution : oui / non	Calculs avec – 3	– 3 est solution : oui / non
$6 - x = 9$	$6 - 6 = 0$	**non**	$6 - (-3) = 9$	**oui**
$\frac{-2x}{3} = -4$	$\frac{-2 \times 6}{3} = \frac{-12}{3} = -4$	**oui**	$\frac{-2 \times (-3)}{3} = 2$	**non**
$\frac{x}{3} = 0$	$\frac{6}{3} = 2$	**non**	$\frac{-3}{3} = -1$	**non**

☛ Pour vérifier qu'un nombre est solution de l'équation, il faut calculer l'expression donnée en remplaçant x par ce nombre et obtenir le même résultat dans les deux membres.

› 4 $-2x = 8$ $\quad x - 2 = 8$ $\quad 2 - x = 8$ $\quad x \div 2 = 8$ $\quad 2 + x = 8$ $\quad -2 - x = 8$

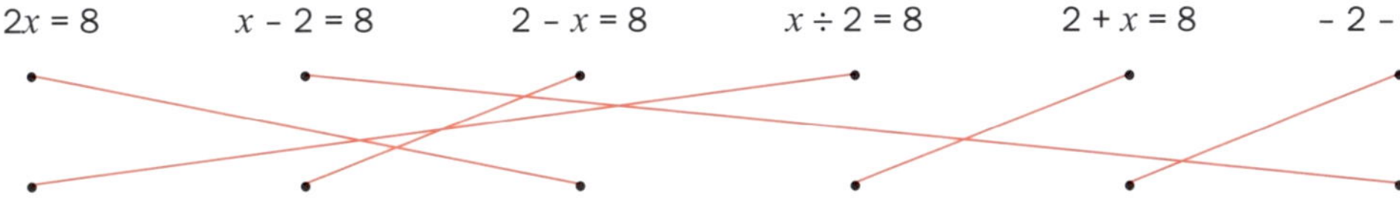

16 $\quad$ – 6 $\quad$ – 4 $\quad$ 6 $\quad$ – 10 $\quad$ 10

chapitre 8 p. 23

1

$\frac{-5x}{3} = \frac{8}{7}$

$-5x \times 7 = 8 \times 3$

$-35x = 24$

$x = \frac{-24}{35}$

La solution est $\mathbf{\frac{-24}{35}}$.

$\frac{5}{6x} = \frac{8}{3}$

$6x \times 8 = 5 \times 3$

$x = \frac{5 \times 3}{8 \times 6}$

$x = \frac{5 \times 3}{8 \times 2 \times 3} = \frac{5}{16}$

La solution est $\mathbf{\frac{5}{16}}$.

$-\frac{4}{5}x = \frac{1}{5}$

$-4x = 1$

$x = \frac{-1}{4}$

La solution est $\mathbf{\frac{-1}{4}}$.

$-\frac{1}{6} = \frac{11}{5x}$

$-5x = 66$

$x = \mathbf{\frac{-66}{5}}$

La solution est $\mathbf{\frac{-66}{5}}$.

☛ On simplifie avant d'effectuer les produits.

2 a. 0,7 dm = 7 cm ; 110 mm = 11 cm.

$A = \frac{(a + b) \times h}{2}$

$A = \frac{(7 + 14) \times 11}{2}$ = **115,5, soit 115,5 cm²**.

b. $A = \frac{(a + b) \times h}{2}$

$52 = \frac{(4,5 + 8,5) \times h}{2}$

$52 \times 2 = 13\,h$

$h = \frac{13 \times 4 \times 2}{13}$ = **8, soit 8 m.**

c. $A = \frac{(a + b) \times h}{2}$

$60 = \frac{(a + 2a) \times 5}{2} = \frac{3a \times 5}{2} = \frac{15a}{2}$

$120 = 15a$

$a = \frac{120}{15}$ = **8, soit 8 cm.**

3 Le prix d'un dictionnaire est $\mathbf{x + 17}$ et celui d'une calculatrice est $\mathbf{4x}$. La dépense totale s'écrit donc : $x + \mathbf{x + 17 + 4x}$ et on obtient l'égalité :
$x + \mathbf{x + 17 + 4x = 179}$.
Résolution de l'équation :

$\mathbf{6x + 17 = 179}$

$\mathbf{6x = 179 - 17}$

$\mathbf{6x = 162}$ donc $x = \mathbf{\frac{162}{6}} = \mathbf{27}$.

Le prix d'un livre est de **27** €, celui d'un dictionnaire de **44** € et celui de la calculatrice de **108** €.

4 Soit x le prix du scooter.

$x = \frac{1}{12}x + \frac{1}{4}x + 5 \times 330$

$\frac{12x}{12} - \frac{1}{12}x - \frac{3 \times 1}{3 \times 4}x = 1\,650$

$\frac{8x}{12} = 1\,650$

$x = \frac{12 \times 1\,650}{8} = 2\,475$

Le scooter coûte **2 475** €.

5 Soit x la note d'anglais.

Note de mathématiques : $3 \times x$.

Note de français : $\frac{3}{4}x = 0,75x$.

Note professionnelle : $x + 7$.

Équation : $x + 3x + 0,75x + x + 7 = 41,5$

$5,75x + 7 = 41,5$

$x = \frac{34,5}{5,75} = 6$.

Sa note d'anglais est 6.

chapitre 9 p. 25

1 $10^6 = \mathbf{1\,000\,000}$. $10^{-7} = \mathbf{0,000\,000\,1}$.
$10^0 = \mathbf{1}$. $10^9 = \mathbf{1\,000\,000\,000}$.

2 $100\,000 = \mathbf{10^5}$.

$0,000\,000\,000\,01 = \mathbf{10^{-11}}$.

$1 = \mathbf{10^0}$.

$\frac{1}{1\,000} = \mathbf{10^{-3}}$.

1 cent-milliardième = $\frac{1}{100 \times 10^9} = \mathbf{10^{-11}}$.

100 milliardièmes = $\frac{100}{10^9} = \mathbf{10^{-7}}$.

☛ Attention à ne pas confondre les deux dernières expressions.

3 $10^{-9} \times 10^6 = \mathbf{10^{-3}}$

$10^5 \times 10 \times 10^{-7} = \mathbf{10^{-1}}$

$(10^{-5})^{-4} = \mathbf{10^{20}}$

$\frac{1}{10^{-8}} = \mathbf{10^8}$

$\frac{10^5}{10^{-9}} = 10^{5-(-9)} = \mathbf{10^{14}}$

$\frac{1}{10^3 \times 10^4} = \frac{1}{10^7} = \mathbf{10^{-7}}$

$10^8 \times (10^{-3})^4 = 10^8 - 10^{-12} = 10^{8-12} = \mathbf{10^{-4}}$

$\frac{10^{-4}}{0,0001} = \frac{10^{-4}}{10^{-4}} = \mathbf{1}$

$\frac{(10^6)^{-2} \times 10^{14}}{10^5} = \frac{10^{-12} \times 10^{14}}{10^5} = \frac{10^{-12+14}}{10^5} = \frac{10^2}{10^5}$
$= 10^{2-5} = \mathbf{10^{-3}}$

▶ **4** $10^8 < 10^{10}$ $10^{-6} < 10^{-3}$
$10^{-7} > 0$ $10^{-1} < 10^1$

▶ **5** a. 1 km = $\mathbf{10^3}$ m donc 1 km² = $(\mathbf{10^3})^2$ m² = $\mathbf{10^6}$ m².
b. 1 cm = $\mathbf{10^{-2}}$ m donc 1 cm³ = $(\mathbf{10^{-2}})^3$ m³ = $\mathbf{10^{-6}}$ m³.
c. $\mathbf{10^{-3}}$ t = 1 kg = $\mathbf{10^3}$ g = $\mathbf{10^6}$ mg.

▶ **6** a. Un coffre contient cent mille millions d'euros, c'est-à-dire $100 \times 10^3 \times 10^6$, soit
$10^{2+3+6} = 10^{11}$ euros.
Le montant total est de $10 \times 10 \times 10^{11}$, soit $\mathbf{10^{13}}$ **euros**.

b. Somme que recevra le gagnant :
$\frac{1}{10^9} \times 10^{13} = 10^4 =$ **10 000 €**.

▶ **7**

10^0	$\mathbf{10^7}$	10^{-4}
$\mathbf{10^{-3}}$	10	$\mathbf{10^5}$
$\mathbf{10^6}$	$\mathbf{10^{-5}}$	10^2

Le produit de la diagonale est $10^0 \times 10 \times 10^2 = 10^3$.
On complète ensuite les colonnes ou les lignes où il manque un seul nombre.

chapitre 10 p. 27

▶ **1** $8{,}32 \times 10^{-3} =$ **0,008 32.**
$0{,}0012 \times 10^6 =$ **1 200.**
$49 \times 10^{-5} =$ **0,000 49.**

▶ **2** 47 000 = $\mathbf{4{,}7 \times 10^4}$.
0,0072 = $\mathbf{7{,}2 \times 10^{-3}}$.
72 milliards = $\mathbf{7{,}2 \times 10^{10}}$.
$\frac{458}{1\,000\,000} = \mathbf{4{,}58 \times 10^{-4}}$.
$423 \times 10^{-4} = \mathbf{4{,}23 \times 10^{-2}}$.
$273{,}1 \times 10^6 = \mathbf{2{,}731 \times 10^8}$.

▶ **3** ■ $\mathbf{10^5} \leqslant 3{,}7 \times 10^5 < \mathbf{10^6}$.
Un ordre de grandeur de A est : $\mathbf{4 \times 10^5}$.
■ $\mathbf{10^{-3}} \leqslant 8{,}32 \times 10^{-3} < \mathbf{10^{-2}}$.
Un ordre de grandeur de B est : $\mathbf{8 \times 10^{-3}}$.
■ $\mathbf{10^3} \leqslant 6028{,}7 < \mathbf{10^4}$.
Un ordre de grandeur de C est : $\mathbf{6 \times 10^3}$.

▶ **4** a. -4^{17} sur la calculatrice signifie $\mathbf{-4 \times 10^{17}}$.
b. 4^{-17} sur la calculatrice signifie $\mathbf{4 \times 10^{-17}}$.

▶ **5** $521{,}17 = 5{,}2117 \times \mathbf{10^2}$.
$0{,}0048 \times \mathbf{10^5} = 480$.
$0{,}077 = 77 \times \mathbf{10^{-3}}$.
$10^3 \times \mathbf{5} = 5\,000$.
$10^{-2} \times \mathbf{42\,100} = 4{,}21 \times 10^2$.
$0{,}007\,5 = \mathbf{0{,}000\,075} \times 10^2$.

▶ **6** 12 500 cm³ = 12 500 × $\mathbf{10^{-6}}$ m³ = $\mathbf{1{,}25} \times \mathbf{10^{-2}}$ m³.
23,8 hL = $23{,}8 \times 10^2$ L = $\mathbf{2{,}38 \times 10^3}$ **L**.

▶ **7** a. 5 980 millions de millions de millions s'écrit $5\,980 \times 10^6 \times 10^6 \times 10^6$. L'écriture scientifique correspondante est $\mathbf{5{,}98 \times 10^{21}}$ tonnes.
L'écriture scientifique de 5 980 millions de millions de millions de tonnes en kilogrammes est
$5{,}98 \times 10^{21} \times 10^3$, soit $\mathbf{5{,}98 \times 10^{24}}$ kg.

b. Pour calculer un ordre de grandeur du rapport entre la masse du Soleil et celle de la Terre, on fait le rapport des ordres de grandeurs des deux masses : $\frac{2 \times 10^{30}}{6 \times 10^{24}} = \frac{1}{3} \times 10^6$, soit **environ 300 000**.

▶ **8** On applique la formule P = (L + *l*) × 2 pour calculer le périmètre.
$P = (3 \times 10^3 + 1{,}5 \times 10^3) \times 2$.
$P = (3 + 1{,}5) \times 10^3 \times 2$
$P = 4{,}5 \times 10^3 \times 2$
$P = 9 \times 10^3$
P = 9 000 cm.
Pour calculer l'aire, on applique la formule A = L × *l*.
$A = 3 \times 10^3 \times 1{,}5 \times 10^3$
$A = 3 \times 1{,}5 \times 10^3 \times 10^3$
$A = 4{,}5 \times 10^6$
A = 4 500 000 cm².

▶ **9** 2000 – 1988 = 12 ans
☛ Attention, l'année 1989 compte !
On obtient le nombre de consoles vendues en 12 ans en multipliant le nombre d'années par le nombre de jours dans une année par le nombre d'heures dans une journée et par le nombre de consoles vendues en une heure.
$12 \times 365 \times 24 \times 1000 = 1{,}0512 \times 10^8$.
Le nombre de consoles vendues pendant ces années est de l'ordre **de la centaine de millions**.

chapitre 11 p. 29

▶ **1**

Écriture sous forme d'une puissance	$(-2)^4$	-2^4	2^{-2}	-3^3	$(-3)^3$
Écriture décimale	**16**	**- 16**	$\frac{1}{4}$ **= 0,25**	**- 27**	**- 27**

☛ Ne pas confondre $(-2)^4 = (-2) \times (-2) \times (-2) \times (-2)$ et $-2^4 = -(2 \times 2 \times 2 \times 2)$.

› 2

$(-5)^3$	5^{-3}	$-(-2)\times(-7)^2$	$\left(\frac{-1}{4}\right)^0$	-3^{12}	$\frac{(-3)^3\times 5^2}{(-1)^8}$
−	+	+	+	−	−

Justifications :

$5^{-3} = \frac{1}{5^3}$.

$-(-2)$ et $(-7)^2$ sont deux nombres positifs.

$\left(\frac{-1}{4}\right)^0 = 1$.

$-3^{12} = -(3^{12})$.

Dernière colonne : le numérateur est négatif et le dénominateur, positif.

› 3 a. $3^7 \times 3 \times 3^2 = 3^{(7+1+2)} = \mathbf{3^{10}}$.

b. $(-2)^{-3} \times (-2)^7 = (-2)^{-3+7} = \mathbf{(-2)^4}$.

c. $\frac{5^7}{5^9} = 5^{(7-9)} = \mathbf{5^{-2}}$.

d. $3^8 \times 4^8 = (3 \times 4)^8 = \mathbf{12^8}$.

e. $\frac{20^5}{4^5} = \left(\frac{20}{4}\right)^5 = \mathbf{5^5}$.

f. $\frac{25^2}{5^7} = \frac{(5^2)^2}{5^7} = \frac{5^4}{5^7} = 5^{(4-7)} = \mathbf{5^{-3}}$.

› 4 • $A = 1 - 4 \times 3^2 + (-5)^3$
$A = 1 - 4 \times 9 + (-125)$
$A = 1 - 36 - 125$
$A = 1 - 161$
$A = \mathbf{-160}$.

• $B = -3^4 + 3 \times (5 - 2^3)^2$
$B = -81 + 3 \times (5 - 8)^2$
$B = -81 + 3 \times (-3)^2$
$B = -81 + 3 \times 9$
$B = -81 + 27$
$B = \mathbf{-54}$.

• $C = 7^{-2} + 2$
$C = \frac{1}{7^2} + 2$
$C = \frac{1}{49} + \frac{2 \times 49}{49}$
$C = \frac{1}{49} + \frac{98}{49}$
$C = \mathbf{\frac{99}{49}}$.

› 5 $D = 12x + 6x^2 - 2x^3$ pour $x = -3$.
$D = 12 \times (-3) + 6 \times (-3)^2 - 2 \times (-3)^3$
$D = -36 + 6 \times 9 - 2 \times (-27)$
$D = -36 + 54 + 54$
$D = \mathbf{72}$.

› 6

1	1	1		2
4		6	2	5
6	4		7	2
4	0		0	
1	0	6	4	8

› 7 a. $A = L \times l = 2^5 \times 2^3 = \mathbf{2^8}$.

b. $A = c \times c = 2^5 \times 2^5 = \mathbf{2^{10}}$.
(ou $A = c^2 = (2^5)^2 = 2^{10}$)
$P = 4 \times c = 4 \times 2^5 = 2^2 \times 2^5 = \mathbf{2^7}$.

chapitre 12 p. 31

› 1 $A = 4(x^2 - 4x)$
$A = 4 \times x^2 + 4 \times (-4x)$
$A = \mathbf{4x^2 - 16x}$.
$B = -7(8x - 3)$
$B = -7 \times 8x + (-7) \times (-3)$
$B = \mathbf{-56x + 21}$.
$C = 3x(2x^2 - x + 3)$
$C = 3x \times 2x^2 + 3x \times (-x) + 3x \times 3$
$C = \mathbf{6x^3 - 3x^2 + 9x}$.

› 2 $D = 4x + 7x$
$D = \mathbf{11x}$.
$E = 17a^2 - 9a^2$
$E = \mathbf{8a^2}$.
$F = -21ab - 7ab$
$F = \mathbf{-28ab}$.

$G = -3x - 7 - 3x + 11$
$G = -3x - 3x - 7 + 11$
$G = \mathbf{-6x + 4}$.

$H = 11 - 8ab - 7 + 5ab$
$H = 11 - 7 - 8ab + 5ab$
$H = \mathbf{4 - 3ab}$.

$I = 9a + 7b - 14a + 2b$
$I = 9a - 14a + 7b + 2b$
$I = \mathbf{-5a + 9b}$.

$K = 4x^2 - 7x - 3 - 5x^2 + 9x + 1$
$K = 4x^2 - 5x^2 - 7x + 9x - 3 + 1$
$K = \mathbf{-x^2 + 2x - 2}$.

$L = \frac{7}{6}x - \frac{1}{5}x$

$L = \left(\frac{7}{6} - \frac{1}{5}\right)x$

$L = \left(\frac{7 \times 5}{6 \times 5} - \frac{1 \times 6}{6 \times 5}\right)x$

$L = \mathbf{\frac{29}{30}x}$.

☛ On doit penser à mettre x en facteur.

$M = \frac{3}{4}x - \frac{x}{3}$

$M = \left(\frac{3}{4} - \frac{1}{3}\right)x$

$M = \left(\frac{3 \times 3}{4 \times 3} - \frac{1 \times 4}{4 \times 3}\right)x$

$M = \mathbf{\frac{5}{12}}x.$

☛ $\frac{x}{3} = \frac{1}{3}x.$

3 $N = 5(a - 9) - (3a - 25)$
$N = 5 \times a + 5 \times (-9) - 3a + 25$
$N = 5a - 45 - 3a + 25$
$N = 5a - 3a - 45 + 25$
$N = \mathbf{2a - 20}.$

$P = 3(2x - 3) - 3(7x + 1)$
$P = 3 \times 2x + 3 \times (-3) + (-3) \times 7x + (-3) \times 1$
$P = 6x - 9 - 21x - 3$
$P = 6x - 21x - 9 - 3$
$P = \mathbf{-15x - 12}.$

☛ Attention au signe « – » devant la 2e fraction. Cette façon d'écrire les calculs permet de limiter les erreurs de signe.

$Q = \frac{5 - 2x}{3} - \frac{3x + 8}{2}$

$Q = \frac{2 \times (5 - 2x) - 3(3x + 8)}{6}$

$Q = \frac{2 \times 5 + 2 \times (-2x) + (-3) \times 3x + (-3) \times 8}{6}$

$Q = \frac{10 - 4x - 9x - 24}{6}$

$Q = \mathbf{\frac{-13x - 14}{6}}.$

$R = \frac{7x + 5}{6} - \frac{3 - 2x}{9}$

$R = \frac{3(7x + 5) - 2(3 - 2x)}{18}$

$R = \frac{3 \times 7x + 3 \times 5 + (-2) \times 3 + (-2) \times (-2x)}{18}$

$R = \frac{21x + 15 - 6 + 4x}{18} = \mathbf{\frac{25x + 9}{18}}.$

4 $S = 98 \times 16$
$S = (100 - 2) \times 16 = 1\,600 - 32 = \mathbf{1\,568}.$

$T = 102 \times 16$
$T = (100 + 2) \times 16 = 1\,600 + 32 = \mathbf{1\,632}.$

$U = 98 \times 102$
$U = 98 \times (100 + 2) = 9\,800 + 196 = \mathbf{9\,996}.$

$V = 27 \times 38 + 73 \times 38$
$V = (27 + 73) \times 38 = 100 \times 38 = \mathbf{3\,800}.$

5 a. $\mathcal{A}_B = L \times l = (x + 7 + x) \times 9 = \mathbf{(2x + 7) \times 9}.$
b. $\mathcal{A}_J = L \times l = \mathbf{(2x + 9) \times 7}.$
c. $\mathcal{A}_T = \mathcal{A}_B + \mathcal{A}_J = 9 \times (2x + 7) + 7 \times (2x + 9)$
$\mathcal{A}_T = 18x + 63 + 14x + 63 = \mathbf{32x + 126}.$

chapitre 13 p. 33

1 $A = (2x + 3) \times (5x - 8)$
$A = 2x \times 5x + 2x \times (-8) + 3 \times 5x + 3 \times (-8)$
$A = 10x^2 - 16x + 15x - 24$
$A = \mathbf{10x^2 - x - 24}.$

$B = (-3x - 2) \times (5x + 8)$
$B = -3x \times 5x + (-2) \times 5x + (-3x) \times 8 + (-2) \times 8$
$B = -15x^2 - 10x - 24x - 16$
$B = \mathbf{-15x^2 - 34x - 16}.$

2 $C = 5 - (-3y + x) - (-2x + y + 7)$
$C = 5 + 3y - x + 2x - y - 7$
$C = -x + 2x + 3y - y + 5 - 7$
$C = \mathbf{x + 2y - 2}.$

$D = (-6b + 7a) - (4a - b + 9)$
$D = -6b + 7a - 4a + b - 9$
$D = -6b + b + 7a - 4a - 9$
$D = \mathbf{-5b + 3a - 9}.$

$E = 7x^2 - 4 - 3 - (2x^2 - 5) + (1 - 11x)$
$E = 7x^2 - 7 - 2x^2 + 5 + 1 - 11x$
$E = 7x^2 - 2x^2 - 7 + 5 + 1 - 11x$
$E = \mathbf{5x^2 - 1 - 11x}.$

$F = 7x^2 - 4 - [3 - (2x^2 - 5) + (1 - 11x)]$
$F = 7x^2 - 4 - [3 - 2x^2 + 5 + 1 - 11x]$
$F = 7x^2 - 4 - 3 + 2x^2 - 5 - 1 + 11x$
$F = 7x^2 + 2x^2 - 7 - 6 + 11x$
$F = \mathbf{9x^2 - 13 + 11x}.$

☛ On a commencé par supprimer les parenthèses les plus « intérieures », puis on supprime les crochets.

3 $G = (2x + 1)(7 + 4x)$
$G = 14x + 8x^2 + 7 + 4x$
$G = \mathbf{8x^2 + 18x + 7}.$
$H = (5x + 1)(7 - 4x)$
$H = 35x - 20x^2 + 7 - 4x$
$H = \mathbf{-20x^2 + 31x + 7}.$
$J = (2x + 1)(7 + 4x) - (5x + 1)(7 - 4x)$
On remarque que : $J = G - H$
donc $J = 8x^2 + 18x + 7 - (-20x^2 + 31x + 7)$
$J = 8x^2 + 18x + 7 + 20x^2 - 31x - 7$
$J = \mathbf{28x^2 - 13x}.$

4 a.
• x représente la longueur PC et 5 représente **la longueur BP**, donc $x + 5$ représente **la longueur BC.**

• x représente la longueur PC et $(8 - x)$ représente la longueur NP,
donc $x \times (8 - x)$ représente **l'aire du rectangle NPCE**.
• $(8 - x)$ représente la longueur MB et 5 représente la longueur BP,
donc $2(8 - x) + 2 \times 5$ représente **le périmètre du rectangle MBPN**.

b. $BC = 5 + x$ et $MB = 8 - x$.
$P = 2 \times (5 + x) + 2 \times (8 - x)$
$P = 10 + 2x + 16 - 2x =$ **26 cm**.

c. $A = (5 + x) \times (8 - x)$
$A = 40 + 8x - 5x - x^2$
$A =$ **$40 + 3x - x^2$**.

› **5** a. **$A_1 = (15x + 6)(3x + 1)$.**
$A_2 = (9x + 3)(5x + 2)$.

b. $A_1 - A_2 = (15x + 6)(3x + 1) - (9x + 3)(5x + 2)$
$= 45x^2 + 18x + 15x + 6 - (45x^2 + 15x + 18x + 6)$
$= 45x^2 + 33x + 6 - 45x^2 - 33x - 6 =$ **0**.

☛ Lorsqu'un produit est précédé d'un signe « – », il faut le développer à l'intérieur des parenthèses.

Les aires des deux rectangles sont égales car $A_1 - A_2 = 0$.

chapitre 14 p. 35

› **1** ① Tout d'abord, développe les deux membres de l'équation.
② Ensuite, réduis les deux membres de l'équation.
③ Regroupe les termes en x dans un membre et les nombres dans l'autre.
④ Réduis alors les deux membres.
⑤ Divise les deux membres par – 7.
⑥ Effectue le calcul.
⑦ Conclus en écrivant : « la solution est... »

› **2** • $7x = 42 - 3x$
$7x + 3x = 42 - 3x + 3x$
$10x = 42$
$x = \frac{42}{10} = 4{,}2$. **La solution est 4,2.**

• $2x = 4 + \frac{x}{3}$
$2x - \frac{x}{3} = 4 + \frac{x}{3} - \frac{x}{3}$
$\frac{6x}{3} - \frac{x}{3} = 4$
$\frac{5x}{3} = 4$
$x = \frac{4 \times 3}{5} = \frac{12}{5}$.
La solution est $\frac{12}{5}$.

• $-5x = x - 9 - 8x$
$-5x = -9 - 7x$
$-5x + 7x = -9 - 7x + 7x$
$2x = -9$
$x = \frac{-9}{2} = -4{,}5$.
La solution est – 4,5.

› **3** • $3(x - 7) = 3 - (x - 7)$
$3x - 21 = 3 - x + 7$
$3x - 21 + 21 = 10 - x + 21$
$4x = 31$
$x = \frac{31}{4}$.
La solution est $\frac{31}{4}$.

• $8x - 5(1 - 2x) = 10 - 2(x - 2)$
$8x - 5 + 10x = 10 - 2x + 4$
$18x - 5 + 2x = 14 - 2x + 2x$
$20x - 5 + 5 = 14 + 5$
$20x = 19$
$x = \frac{19}{20}$.
La solution est $\frac{19}{20}$.

• On applique l'égalité des produits en croix.
$\frac{2x - 8}{7} = \frac{1 - 7x}{3}$
$3 \times (2x - 8) = 7(1 - 7x)$
$6x - 24 = 7 - 49x$
$6x + 49x - 24 + 24 = 7 - 49x + 49x + 24$
$55x = 31$
$x = \frac{31}{55}$.
La solution est $\frac{31}{55}$.

› **4** Soit x le nombre de perles nécessaires pour la confection d'un bracelet.
Le nombre de perles contenues dans un collier est alors $2x$.
On obtient donc l'équation suivante :
$5 \times 2x - 17 = 9x + 28$
$10x - 17 = 9x + 28$
$10x - 9x = 28 + 17$
$x = 45$.
Un bracelet comporte 45 perles.

› **5** Dans le triangle PMN :
$R \in [PM]$, $S \in [PN]$ et $(RS) // (MN)$.
Les conditions ci-dessus permettent d'écrire :
$\frac{PR}{PM} = \frac{RS}{MN} = \frac{PS}{PN}$.
Or $RS = 11{,}5$, $MN = 17{,}5$, $PS = x$ et $PN = x + 12$.

Donc $\dfrac{11,5}{17,5} = \dfrac{x}{x + 12}$

$11,5 \times (x + 12) = 17,5 \times x$

$11,5x + 11,5 \times 12 = 17,5x$

$138 = 17,5x - 11,5x$

$138 = 6x$

$x = \dfrac{138}{6} = 23$

Donc **PS = 23**.

chapitre 15 p. 37

1 a. $x \geqslant 5,5$, donc $x + 2 \geqslant 5,5 + 2$
$x + 2 \geqslant$ **7,5**.

b. $x \geqslant 5,5$, donc $x - 7 \geqslant 5,5 - 7$
$x - 7 \geqslant$ **– 1,5**.

c. $x \geqslant 5,5$, donc $x \times 2 \geqslant 5,5 \times 2$
$x \times 2 \geq$ **11**.

d. $x \geqslant 5,5$, donc $x \div 11 \geqslant 5,5 \div 11$
$x \div 11 \geqslant$ **0,5**.

2 a.

• $7 + 4x > -3$

$7 + 4x + (-7) > -3 + (-7)$

$\mathbf{4x > -10}$.

• $\dfrac{5x + 21}{3} \leqslant 1$

$\dfrac{5x}{3} + 7 - 7 \leqslant -6$

$\mathbf{\dfrac{5x}{3} \leqslant -6}$.

b.

• $4x > -\dfrac{3}{7}$

$4x \times 7 > -\dfrac{3}{7} \times 7$

$\mathbf{28x > -3}$.

• $\dfrac{2 - x}{7} \leqslant 1$

$\left(\dfrac{2 - x}{7}\right) \times 7 \leqslant 1 \times 7$

$\mathbf{2 - x \leqslant 7}$.

3

a. $x - 7 < -1$

$x - 7 + 7 < -1 + 7$

$\mathbf{x < 6}$.

b. $3x > -7$

$\dfrac{3x}{3} > \dfrac{-7}{3}$

$\mathbf{x > \dfrac{-7}{3}}$.

c. $\dfrac{3x}{4} < 8$

$\dfrac{3x}{4} \times \dfrac{4}{3} < 8 \times \dfrac{4}{3}$

$\mathbf{x < \dfrac{32}{3}}$.

d. $x + 25 \geqslant 0$

$x + 25 - 25 \geqslant 0 - 25$

$\mathbf{x \geqslant -25}$.

e. $\dfrac{-3}{5} \geqslant \dfrac{x}{8}$

$8 \times \dfrac{-3}{5} \geqslant \dfrac{x}{8} \times 8$

$\dfrac{-24}{5} \geqslant x$

$\mathbf{x \leqslant \dfrac{-24}{5}}$.

4 a.

$-3 < 5x - 7 < 8$

$-3 + 7 < 5x < 8 + 7$

$\mathbf{4 < 5x < 15}$.

b.

$\dfrac{4}{5} < \dfrac{5x}{5} < \dfrac{15}{5}$

$\mathbf{0,8 < x < 3}$.

5

$1,609 < \text{M} < 1,610$

$1,7 \times 1,609 < 1,7 \times \text{M} < 1,7 \times 1,610$

$2,7353 < 1,7\text{M} < 2,737$

John parcourt chaque jour entre 2, 7353 km et 2,737 km.

6 a. $\text{P} = 2\pi\text{R}$, donc $2 \times 3,14 \times 5 < \text{P} < 2 \times 3,15 \times 5$

$\mathbf{31,4 < P < 31,5}$.

b. $\text{B} = \pi\text{R}^2$, donc

$3,14 \times 5^2 < \text{B} < 3,15 \times 5^2$

$\mathbf{78,5 < B < 78,75}$.

c. $\text{A} = 2\pi\text{R} \times h$, donc

$2 \times 3,14 \times 5 \times 12 < \text{A} < 2 \times 3,15 \times 5 \times 12$

$\mathbf{376,8 < A < 378}$.

d. $\text{T} = \text{B} + \text{A}$,

donc $78,5 + 376,8 < \text{T} < 78,75 + 378$

$\mathbf{455,3 < T < 456,75}$.

☛ On applique la propriété « si $a < b$ et $c < d$, alors $a + c < b + d$ ».

chapitre 16 p. 41

1 a. Le côté c d'un carré et son périmètre P **sont proportionnels** : $\text{P} = 4 \times c$.

b. La note à un devoir de mathématiques et le nombre d'heures de travail passées à le préparer **ne sont pas proportionnels.**

c. Sur une bicyclette, la distance parcourue et le nombre de tours faits par la roue avant **sont proportionnels** : distance = nombre de tours × périmètre de la roue avant.

d. Le côté d'un carré et son aire **ne sont pas proportionnels** : $\text{A} = c^2$.

e. La masse de viande achetée et le prix payé **sont proportionnels** : le coefficient de proportionnalité est le prix au kilo.

2 a. $1 \times 2 = 2$ et $2 \times 2 = 4 \neq 3$, donc **il n'y a pas proportionnalité.**

b. $3 \times 2\pi = 6\pi$ et $9 \times 2\pi = 18\pi$.

Plus généralement, pour un cercle, $\text{P} = 2\pi \times$ Rayon.

Il y a donc proportionnalité et le coefficient est 2π.

3 a. $3 \times 4 = 12$, donc $x = 0,75 \times 4 =$ **3**.

b. $u \times 56 = 21 \times 72$, donc $u = \dfrac{21 \times 72}{56} =$ **27**.

c. $7 \times 4 = 28$, donc $z = \frac{2}{5} \times 4 = \mathbf{\frac{8}{5}}$.

d. $\frac{3}{4} \times 4 = 3$, donc $t = \frac{2}{5} \times 4 = \mathbf{\frac{8}{5}}$.

4 a.

12	4	**10**	1
18	6	15	**1,5**

(× 1,5)

Coefficient : $6 \div 4 = \mathbf{1,5}$.

b.

3,6	4,5	**0,9**	8,1
4,8	**6**	1,2	**10,8**

($\times \frac{4}{3}$)

$\frac{4,8}{3,6} = \frac{48}{36} = \frac{12 \times 4}{12 \times 3} = \frac{4}{3}$,

donc le coefficient est $\mathbf{\frac{4}{3}}$.

c.

7	$\frac{9}{7}$	$\mathbf{\frac{5}{4}}$	$\mathbf{\frac{7}{3}}$
3	$\mathbf{\frac{27}{49}}$	$\frac{15}{28}$	1

($\times \frac{3}{7}$)

Coefficient : $\mathbf{\frac{3}{7}}$.

5 a. On peut remarquer que $26,6 = 2 \times 13,3$ et que $39,9 = 3 \times 13,3$.

Par conséquent, pour passer de 26,6 à 39,9, on divise par 2 et on multiplie par 3, c'est-à-dire qu'on multiplie par $\frac{3}{2}$. Le prix est proportionnel au poids, j'ai donc pu acheter $1,4 \times \frac{3}{2} =$ **2,1, soit 2,1 kg.**

b. Prix au kilo : $\frac{26,6}{1,4} =$ **19, soit 19 €.**

Masse : $\frac{39,9}{19} = 2,1$ kg. On retrouve bien le résultat de la question précédente.

6

	Lilian	Pierre-Jean	Pascal
Quantité de sirop (en cL)	2,5	**2,8**	**2**
Capacité du verre (en cL)	12,5	14	10

Les quantités sont proportionnelles et le coefficient de proportionnalité est 5.
Quantité de sirop utilisée pour Pierre-Jean :
$14 \div 5 =$ **2,8, soit 2,8 cL.**
Quantité de sirop utilisée pour Pascal :
$10 \div 5 =$ **2, soit 2 cL.**

chapitre 17 p. 43

1 a.

150	60	40	1 000	1 250
12	**4,8**	**3,2**	**80**	100

(÷ 12,5)

b. 150 + 60 + 40 + 1 000 = **1 250 g.**
c. Les pourcentages correspondant aux masses des ingrédients sont indiqués sur la 2e ligne du tableau.
Pourcentage de farine : **12 %.**
Pourcentage de beurre : **4,8 %.**
Pourcentage de sucre : **3,2 %.**
Pourcentage de pommes : **80 %.**

2 a.

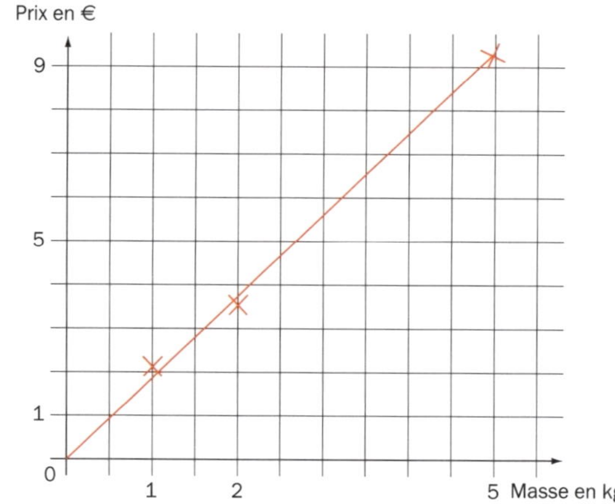

b. **Le prix n'est pas proportionnel à la masse,** car les points du graphique ne sont pas alignés avec l'origine du repère.

3 a. Nombre de filles :
$\frac{48}{100} \times 600 = \mathbf{288}$.
b. Pourcentage d'élèves en 6e :
$\frac{150}{600} \times 100 = \mathbf{25}$ **%.**
c. Pourcentage d'élèves en 5e :
$\frac{168}{600} \times 100 = \mathbf{28}$ **%.**
d. Pourcentage d'élèves en 4e :
$\frac{138}{600} \times 100 = \mathbf{23}$ **%.**
e. Nombre d'élèves en 3e :
$600 - (150 + 168 + 138) = \mathbf{144}$.
f. Pourcentage d'élèves en 3e :
$\frac{144}{600} \times 100 = \mathbf{24}$ **%.**

☛ Autre façon : $\frac{100}{100} - \left(\frac{25}{100} + \frac{28}{100} + \frac{23}{100}\right) = \frac{24}{100}$
$= 24$ %.

▸ **4** Nombre d'élèves ayant réussi :

$$\frac{75}{100} \times 88 + \frac{80}{100} \times 120 + \frac{85}{100} \times 240$$

$= 66 + 96 + 204 = \mathbf{366}$.

Pourcentage d'élèves ayant réussi :

$$\frac{366}{88 + 120 + 240} \times 100 \approx \mathbf{81{,}7\ \%}.$$

Nicolas s'est trompé, il a fait la moyenne des pourcentages.

▸ **5** Dans le volume initial, il y a 45 % d'alcool. La même quantité d'alcool dans un volume quatre fois plus grand représente une proportion quatre fois plus petite, soit **11,25 %**.

chapitre 18 p. 45

▸ **1** a. 2 h 30 = 2,5 h et $d = v \times t = 2{,}5 \times 240 =$ **600 km**.

b. Nicolas effectue le trajet en 3 heures.

90 ÷ 3 = **30, soit 30 km.h⁻¹**.

☛ Chercher une vitesse moyenne exprimée en km.h^{-1} revient à chercher la distance parcourue en une heure.

▸ **2**

	Alain	Brice	Charlie
Couleur du trajet	**Rouge**	**Vert**	**Bleu**
Vitesse en km.h^{-1}	**70**	**40**	**12**

Détail des calculs :

Alain a parcouru 280 km en 4 h, soit en moyenne 280 ÷ 4 = 70 km par heure.

Brice a parcouru 120 km en 3 h, soit en moyenne 120 ÷ 3 = 40 km par heure.

Charlie a parcouru 60 km en 5 h, soit en moyenne 60 ÷ 5 = 12 km par heure.

On peut trouver ces résultats en lisant sur le graphique la distance parcourue en une heure, mais les résultats ainsi obtenus seront moins précis.

▸ **3** a. 32 m.s^{-1} = **115 200** m.h^{-1} = **115,2** km.h^{-1}.

b. 165 km.h^{-1} = **165 000** m.h^{-1} ≈ **45,8** m.s^{-1}.

c. 4 500 m.s^{-1} = **16 200** km.h^{-1}.

d. 1,25 m.min^{-1} = **0,075** km.h^{-1}.

▸ **4**

Distance	Durée	Vitesse
2 100 km	3 h 30 min	**600** km.h^{-1}
6 700 m	**159,5** s	42 m.s^{-1}
41,4 m	460 s	0,09 m.s^{-1}
75 000 m	4 h 26 min	**282** m.min^{-1}

Détail des calculs :

• 1re ligne : 3 h 30 = 3,5 h.
2 100 ÷ 3,5 = **600 km.h⁻¹**.

• 2e ligne :
6 700 ÷ 42 = **159,5 s**.

• 3e ligne :
0,09 × 460 = **41,4 m**.

• 4e ligne : 4 h 26 min = (240 + 26) min
= 266 min.

75 000 ÷ 266 ≈ **282 m.min⁻¹**.

▸ **5** a. et e.

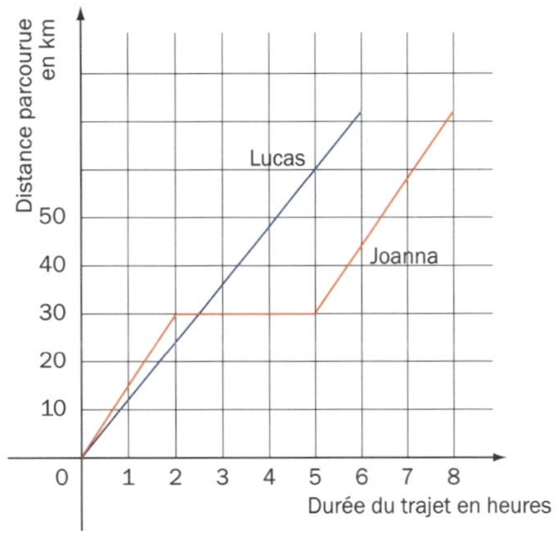

b. $v = \frac{d}{t} = \frac{72 - 30}{8 - (2 + 3)} = \mathbf{14\ km.h^{-1}}$.

c. $v = \frac{d}{t} = \frac{72}{8} = \mathbf{9\ km.h^{-1}}$.

d. $t = \frac{d}{v} = \frac{72}{12} = \mathbf{6\ h}$.

chapitre 19 p. 47

▸ **1**

Trimestre	1er	2e	3e	4e
Nombre de joueurs	**61**	**67**	**57**	**53**

▸ **2** a. Total des crédits alloués :

1 200 + 180 + 50 + 130 + 330 + 240 = **2 130**
soit 2 130 millions de dollars.

Fréquence relative à la France : $\frac{130}{2\ 130} \approx \mathbf{0{,}061}$, soit 6,1 %.

Angle représentant la France : $\frac{130}{2\ 130} \times 360 \approx \mathbf{22°}$

b.

Pays	Allemagne	Danemark	Finlande	France	Angleterre	Suède	Total
Crédits alloués en millions de dollars	1 200	180	50	130	330	240	**2 130**
Fréquences	**0,563**	**0,085**	**0,023**	**0,061**	**0,155**	**0,113**	**1**
Angles	**203°**	**30,5°**	**8,5°**	**22°**	**56°**	**40,5°**	**360°**

La somme des angles n'est pas exactement 360° à cause des arrondis.

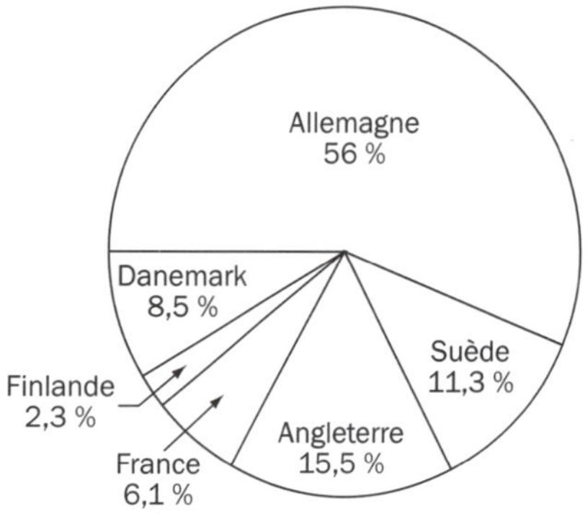

3

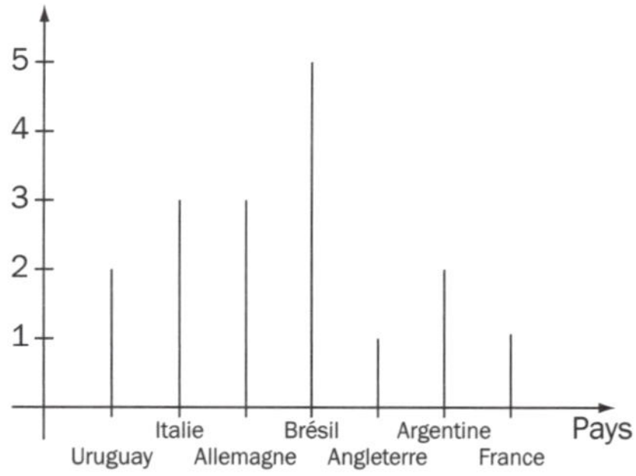

4 a. **25 %** des personnes gagnent entre 900 et 1 200 €.

b. Pourcentage des personnes gagnant entre 1 200 et 1 500 € :

$$\frac{100}{100} - \left(\frac{25}{100} + \frac{15}{100} + \frac{10}{100}\right) = \frac{50}{100} = \mathbf{50\ \%}.$$

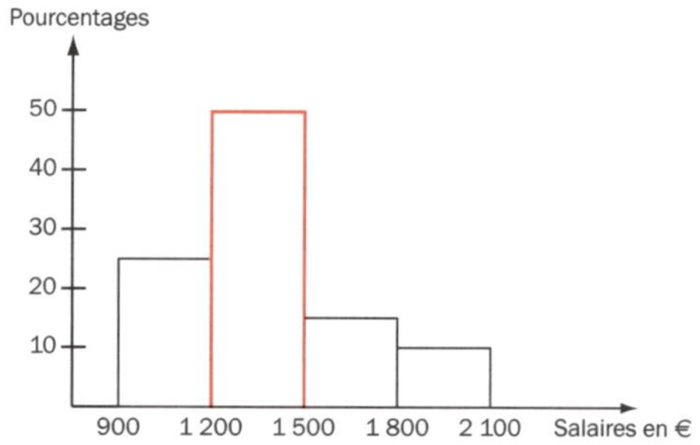

chapitre 20 p. 49

1 a.

	0 fois	1 fois	2 fois	3 fois	4 fois	5 fois	6 fois	7 fois	8 fois
Effectifs	**1**	**0**	**2**	**3**	**0**	**1**	**1**	**3**	**7**
Effectifs cumulés	**1**	**1**	**3**	**6**	**6**	**7**	**8**	**11**	**18**

b.

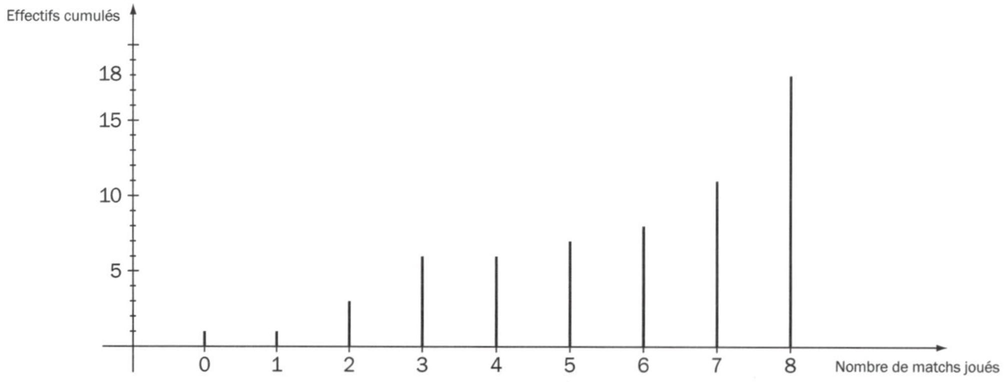

▸ 2 a.

Somme en euros	$0 \leqslant S < 10$	**$10 \leqslant S < 20$**	**$20 \leqslant S < 30$**	**$30 \leqslant S < 40$**	**$40 \leqslant S < 50$**	**Total**
Effectifs	**6**	**22**	**16**	**10**	**12**	**66**
Fréquences (%)	**9,1**	**33,3**	**24,2**	**15,2**	**18,2**	**100**
Fréquences cumulées croissantes (%)	**A = 9,1**	**B = 42,4**	**C = 66,6**	**D = 81,8**	**E = 100**	

Détail du calcul des fréquences cumulées :

$A = \dfrac{6}{66} \approx 0{,}091$, soit **9,1** %.

B = A + 33,3 = **42,4, soit 42,4** %.

C = B + 24,2 = 42,2 + 24,2 = **66,6, soit 66,6** %.

D = C + 15,2 = 66,6 + 15,2 = **81,8, soit 81,8** %.

E = D + 18,2 = **100, soit 100** %.

☛ Si on arrondit les pourcentages à l'unité, la somme est 99 %.

b. Les élèves disposant de moins de 30 euros sont les élèves des trois premières classes. Ils représentent 9,1 + 33,3 + 24,2, soit **66,6 %** des élèves.

☛ On pouvait aussi lire la réponse dans la 3e colonne des effectifs cumulés.

▸ 3 a. On lit le nombre total d'enfants dans le club dans la dernière colonne des effectifs cumulés. Il s'agit de 45.

b. Détail des calculs : B = 13 – A = 13 – 9 = 4. C = 18 + 13 = 31. D = C + 7 = 31 + 7 = 38. E = 45 – 38 = 7.

Distance *d* en kilomètres	$0 \leqslant d < 0{,}5$	$0{,}5 \leqslant d < 1$	$1{,}5 \leqslant d < 2$	$2 \leqslant d < 2{,}5$	$2{,}5 \leqslant d < 3$
Effectifs	**A = 9**	**B = 4**	18	7	**E = 7**
Effectifs cumulés croissants	9	13	**C = 31**	**D = 38**	45

chapitre 21 p. 51

▸ 1 a. Moyenne d'Anita :
(17 + 15 + 13,5 + 14 + 11 + 18 + 16,5 + 14 + 13 + 16) ÷ 10 = 148 ÷ 10 = **14,8**.

b. Moyenne de Boris :
(16 + 15 + 14 + 12 + 16 + 15 + 10 + 16 + 14 + 17) ÷ 10 = 145 ÷ 10 = **14,5**.

c. Si Anita a 17 au dernier devoir, elle aura une moyenne de (148 + 17) ÷ 11 = 15.
Soit x la note de Boris au dernier devoir. Pour avoir la même moyenne qu'Anita, Boris doit également avoir 15 de moyenne. L'égalité $\dfrac{145 + x}{11} = 15$ doit être vérifiée. Résolvons-la.

$\dfrac{145 + x}{11} = 15$

$145 + x = 11 \times 15$

$x = 165 - 145 =$ **20**.

L'affirmation de Boris est donc vraie car s'il a 20, il aura la même moyenne qu'Anita.

▸ 2 Moyenne d'âges des spectateurs :

$\dfrac{12{,}1 \times 22 + 15{,}7 \times 30}{22 + 30} = \dfrac{737{,}2}{52} \approx$ **14,2, soit 14,2 ans**.

☛ Pour calculer l'âge moyen, on calcule la moyenne pondérée des âges en prenant les effectifs comme coefficients.

▸ 3

Budget B en euros	Effectif	Centre de classe	Produit
$0 \leqslant B < 600$	8	**300**	**8 × 300 = 2 400**
$600 \leqslant B < 1200$	10	**900**	**10 × 900 = 9 000**
$1200 \leqslant B < 1800$	32	**1 500**	**32 × 1 500 = 48 000**
$1800 \leqslant B < 2400$	34	**2 100**	**34 × 2 100 = 71 400**
$2400 \leqslant B < 3000$	14	**2 700**	**14 × 2 700 = 37 800**
$3000 \leqslant B < 3600$	2	**3 300**	**2 × 3 300 = 6 600**
TOTAL	**100**		**175 200**

Valeur approchée du budget moyen consacré aux vacances :
175 200 ÷ 100 = **1 752, soit 1 752** €.

☛ Pour calculer le budget moyen, on calcule la moyenne pondérée des centres de classe en prenant les effectifs comme coefficients.

▸ 4 a. Moyenne des prix proposés :
(217 + 222 + 219,5 + 223) ÷ 4 = 881,5 ÷ 4
= **220,375, soit 220,375** €.

b. Prix moyen des consoles vendues :

$\dfrac{(65 \times 217 + 222 \times 17 + 219{,}5 \times 38 + 223 \times 15)}{65 + 17 + 38 + 15}$

$= \dfrac{29\,565}{135} =$ **219, soit 219** €.

chapitre 22 p.55

1

a. Hypothèses :
ABCD est un carré.
I est un point du côté [AB].
J est un point du côté [BC].
La droite (IJ) est parallèle à la droite (AC).

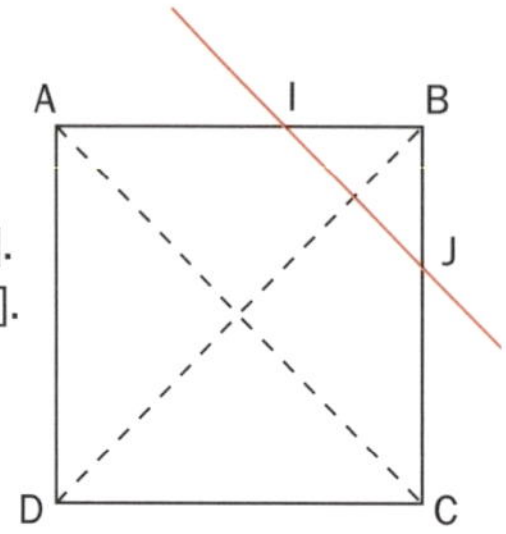

b. ① **Les diagonales d'un carré sont perpendiculaires.**
② « **Si deux droites sont parallèles, alors toute droite perpendiculaire à l'une est perpendiculaire à l'autre.** »

2 **D'une part,** [LU] est un diamètre du cercle $\mathscr{C}$ de centre O, **donc** O est le milieu de [LU].
D'autre part, [BA] est un diamètre du cercle $\mathscr{C}'$ de centre O, **donc** O est le milieu de [BA].
Par conséquent, O est le milieu des diagonales [LU] et [BA] du quadrilatère BLAU.
Or on sait que : « **si, dans un quadrilatère, les diagonales se coupent en leur milieu, alors ce quadrilatère est un parallélogramme** », **donc** le quadrilatère BLAU est un parallélogramme.

3 Hypothèses :
ABC est un triangle.
(AI) est la bissectrice de $\widehat{A}$ et I ∈ [BC].
D ∈ (AI) et (CD) est parallèle à (AB).

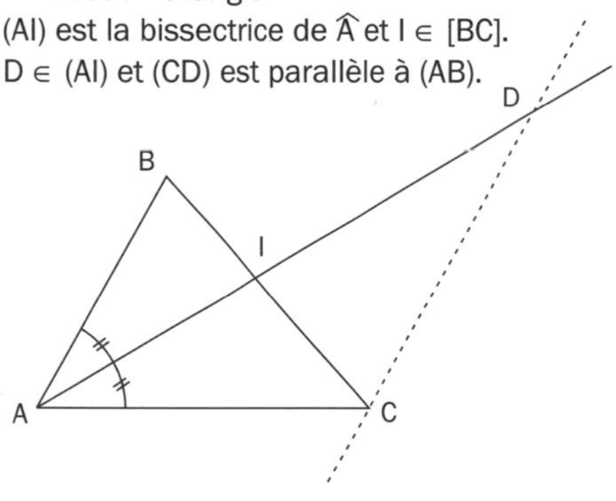

Les phrases sont à ordonner ainsi :
e. - g. - a. - i. - d. - h. - c. - f. - b.

chapitre 23 p. 57

1 a. « **Le segment qui joint les milieux de deux côtés d'un triangle mesure la moitié de la longueur du troisième côté** ».

Donc MN = $\frac{1}{2}$ BC dans le triangle **ABC.**

BP = $\frac{1}{2}$ MN dans le triangle **QMN.**

b. BP = $\frac{1}{2} \times \frac{1}{2} \times$ BC = $\mathbf{\frac{1}{4}}$ **BC.**

2 a. et b.

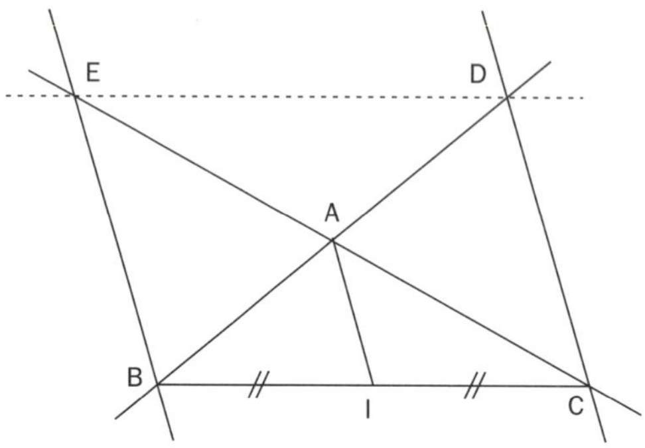

Hypothèses :
ABC est un triangle.
I est le milieu de [BC].
(BE) // (AI) et (DC) // (AI).

c. Par hypothèse, la droite (AI) est parallèle à la droite (BE), donc la droite (AI) est parallèle au côté [BE] du triangle CBE.
De plus, elle passe par le milieu I du côté [BC] de ce même triangle.
Par conséquent, la droite (AI) passe aussi par le milieu du côté [EC].
Donc **A est le milieu du segment [EC].**

d. On démontre que le quadrilatère BCDE est un parallélogramme.
De la même manière qu'à la question précédente, dans le triangle BCD, on peut montrer que A est le milieu du segment [BD].
Or, on sait que : « Si, dans un quadrilatère, les diagonales se coupent en leur milieu, alors ce quadrilatère est un parallélogramme. »
A est le milieu des diagonales du quadrilatère BCDE, donc **BCDE est un parallélogramme.**

3 a.

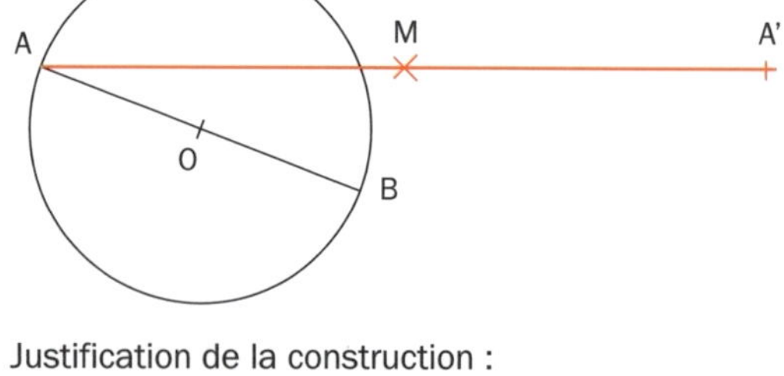

Justification de la construction :
On place le point A' tel que M soit le milieu de [AA'].
Comme O est le centre du cercle $\mathscr{C}$ de diamètre [AB], (OM) est la droite qui passe par les milieux de deux côtés du triangle BAA', donc (BA') est parallèle à (OM).

b. **Dans un triangle, si une droite passe par les milieux de deux des côtés, alors elle est parallèle au troisième côté.**

4 a. Hypothèses :
I est le milieu de [AB].
K est le milieu de [AC].
H est le pied de la hauteur issue de A dans ABC.
La droite (IK) coupe [AH] en J.

☛ Même quand elles ne sont pas expressément demandées, il est vivement conseillé d'écrire les hypothèses.

b. D'après les hypothèses, I et K sont les milieux respectifs des côtés [AB] et [AC] du triangle ABC.
Par conséquent, la droite (IK) est parallèle au côté [BC].
Donc **la droite (IK) est parallèle à la droite (BC).**

c. • On démontre que J est le milieu du segment [AH] :
La droite (IK) est parallèle au côté [BC].
Or les points B,C et H sont alignés, donc la droite (IK) est aussi parallèle au côté [BH] du triangle ABH.
De plus (IK) passe par le milieu du côté [AB] de ce même triangle.
Par conséquent, la droite (IK) passe par le milieu du côté [AH].
La droite (IK) coupe [AH] en J, donc **J est le milieu du segment [AH].**

• On en déduit que (IK) est la médiatrice de [AH] :
D'une part, la droite (IK) est parallèle à la droite (BC).
D'autre part, H est le pied de la hauteur issue de A du triangle ABC, donc la droite (AH) est perpendiculaire à la droite (BC).
Or on sait que : « Si deux droites sont parallèles, alors toute droite perpendiculaire à l'une est perpendiculaire à l'autre. »
Donc la droite (AH) est perpendiculaire à la droite (IK).
La droite (IK) coupe [AH] en son milieu perpendiculairement.
Donc (IK) est la médiatrice de [AH].

chapitre 24 p. 59

1 Dans le triangle ABC, M ∈ [AB], N ∈ [AC] et [MN] // [BC].

On peut donc écrire : $\frac{AN}{AC} = \frac{AM}{AB} = \frac{MN}{BC}$.

En particulier, $\frac{AN}{AC} = \frac{MN}{BC}$.

Or AN = 5 cm, AC = 8 cm et MN = 3,5 cm.

Donc $\frac{5}{8} = \frac{3{,}5}{BC}$.

$5 \times BC = 8 \times 3{,}5$

$BC = \frac{8 \times 3{,}5}{5} =$ **5,6 cm.**

En particulier $\frac{AN}{AC} = \frac{AM}{AB}$.

Or AN = 5 cm, AC = 8 cm et AB = 10,2 cm.

donc $\frac{5}{8} = \frac{AM}{10{,}2}$.

$8 \times AM = 5 \times 10{,}2$

$AM = \frac{5 \times 10{,}2}{8} =$ **6,375, soit AM = 6,375 cm.**

2 a. Dans les triangles EGI et EFJ, $\frac{EG}{EF} = \frac{\mathbf{GI}}{\mathbf{FJ}} = \frac{\mathbf{EI}}{\mathbf{EJ}}$.

b. Dans les triangles EGI et IJH, $\frac{IJ}{\mathbf{EI}} = \frac{\mathbf{IH}}{IG} = \frac{HJ}{\mathbf{EG}}$.

3 a. On considère l'égalité connue :

$\frac{RT}{RU} = \frac{RP}{RS} = \frac{TP}{SU}$.

Les longueurs écrites au numérateur montrent qu'on travaille dans le triangle RTP et les longueurs écrites au dénominateur montrent qu'on travaille dans le triangle RSU.
Le sommet ✤, commun aux 2 triangles, est donc **R**.
On a alors ❤ = **U** et ✏ = **P**.

b. On sait que $\frac{RT}{RU} = \frac{RP}{RS} = \frac{TP}{SU}$, RU = 12, RP = 5, PS = 4 et TP = 3,

d'où $\frac{RT}{12} = \frac{5}{5+4} = \frac{3}{SU}$.

Donc $RT = 12 \times \frac{5}{9} = \mathbf{\frac{20}{3}}$.

Comme $SU \times 5 = 3 \times 9$, on a $SU = \mathbf{\frac{27}{5}}$.

4 D'après l'énoncé, les points B et E sont situés respectivement sur les côtés [OC] et [OD] du triangle OCD.
De plus, [BE] // [CD] (il s'agit de deux verticales).

Donc $\frac{OE}{OD} = \frac{BE}{CD}$.

Or CD = 16,5, OE = 2 × 60 = 120
et OD = 3 × 60 = 180.

Donc $\frac{120}{180} = \frac{BE}{16{,}5}$.

D'où $BE = 16{,}5 \times \frac{120}{180} = 16{,}5 \times \frac{2}{3} = 11$.

Le grand pilier mesure 11 mètres.

5

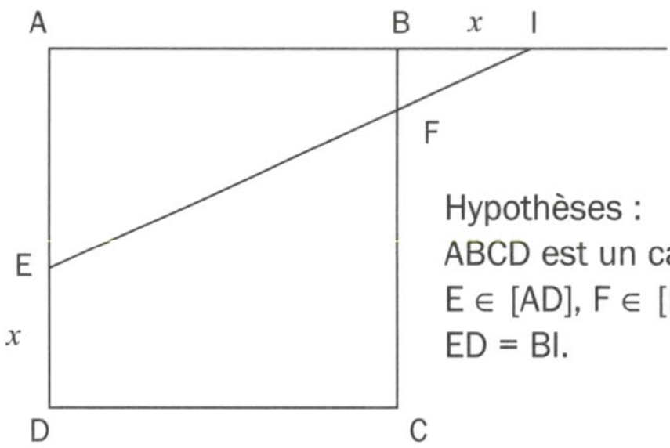

Hypothèses :
ABCD est un carré.
E ∈ [AD], F ∈ [BC].
ED = BI.

1. Par hypothèse, ABCD est un carré, donc ses côtés [AD] et [BC] sont parallèles et il en est de même pour [AE] et [BF].
Par conséquent, dans le triangle AIE, B ∈ [AI], F ∈ [IE] et [AE] // [BF].

Donc $\frac{IB}{IA} = \frac{BF}{AE}$.

$\frac{5}{5+12} = \frac{BF}{12-5}$

$BF = 7 \times \frac{5}{17} = \frac{35}{17}$.

La distance BF est donc égale à $\frac{35}{17}$ cm.

2. a. D'après la question précédente, $\frac{IB}{IA} = \frac{BF}{AE}$.
Or IB = x, IA = $x + 12$ et AE = $12 - x$.

Donc $\frac{x}{x+12} = \frac{BF}{12-x}$,

$BF = (12 - x) \times \frac{x}{x+12}$.

$BF = \frac{(12-x) \times x}{x+12}$.

b. Si $x = 5$, $BF = \frac{(12-5) \times 5}{12+5} = \frac{7 \times 5}{17} = \frac{35}{17}$.

chapitre 25 p. 61

1

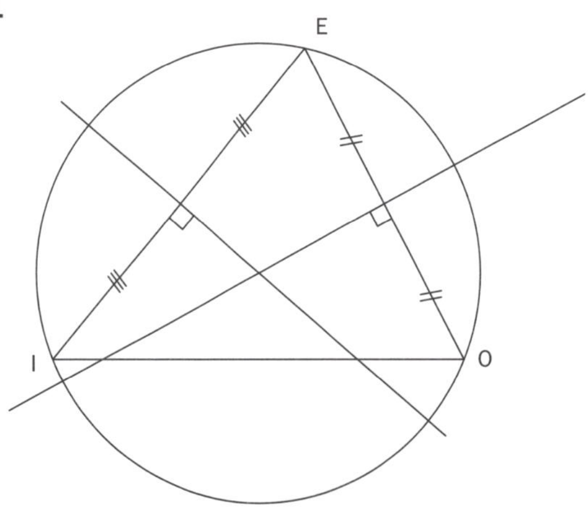

2

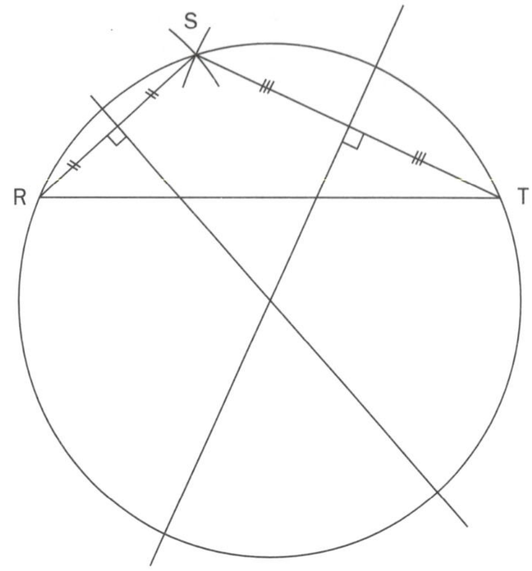

3 a.

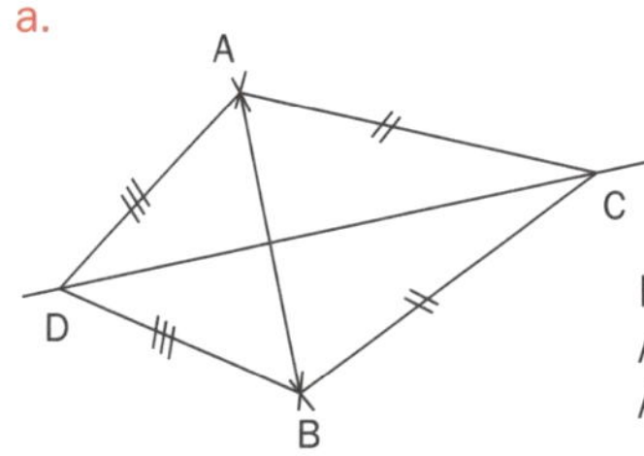

Hypothèses :
ABC isocèle en C.
ABD isocèle en D.

b. Le triangle ABC est isocèle en C, donc C est équidistant des points A et B.
Par conséquent, C est sur la médiatrice de [AB].
Pour les mêmes raisons, D est également sur la médiatrice de [AB].
Donc (CD) est la médiatrice de ce segment.
Or la médiatrice d'un segment est perpendiculaire à ce segment.
Donc **(CD) est perpendiculaire à [AB].**

4 a.

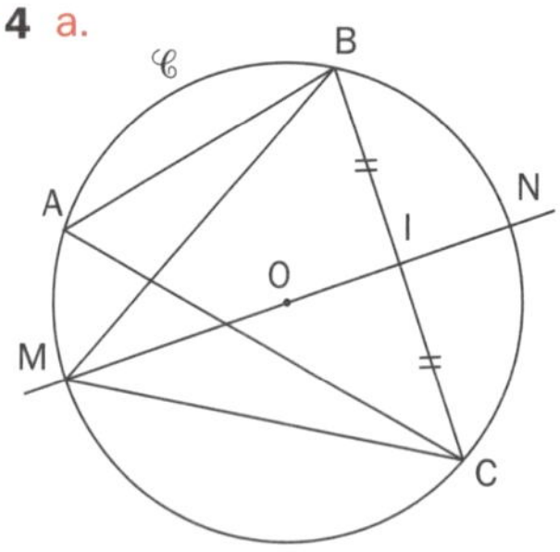

Hypothèses :
𝒞 est le cercle circonscrit au triangle ABC.
I est le milieu de [BC].

b. Le point O est le centre du cercle circonscrit au triangle ABC, donc il appartient à la médiatrice de [BC].
De plus, par hypothèse, I est le milieu de [BC], donc il appartient également à la médiatrice du segment [BC].
Par conséquent **(OI) est la médiatrice du segment [BC].**
c. Le point M appartient à la droite (OI), médiatrice du segment [BC].

Donc MB = MC.
Par conséquent, **le triangle MBC est isocèle en M.**

› 5

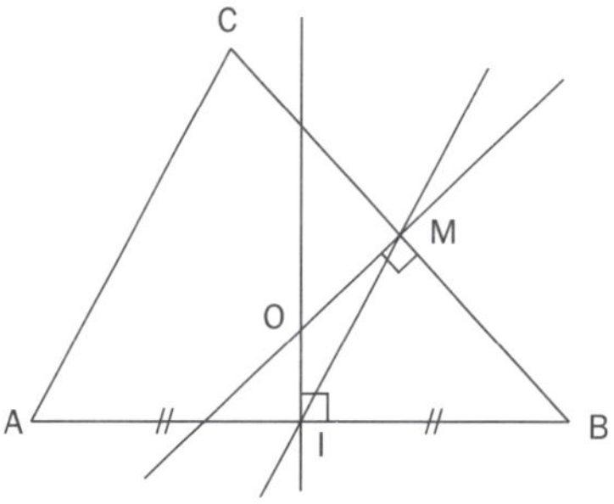

Hypothèses :
I est le milieu de [AB].
(IM) // (AC).
(OM) ⊥ (BC) et (OI) ⊥ (AB).

Dans le triangle ABC, la parallèle à [AC] qui passe par le milieu I du côté [AB] coupe [BC] en M.
Donc M est le milieu de [BC].
La droite (OI) est la perpendiculaire à [AB] qui passe par son milieu, c'est donc sa médiatrice.
Pour les mêmes raisons, (MO) est la médiatrice de [BC].
D'après ce qui précède, les médiatrices des côtés [AB] et [BC] du triangle ABC se coupent en O.
Donc **O est le centre du cercle circonscrit au triangle ABC.**

chapitre 26 p. 63

› 1 a. **FAUX.** b. **VRAI.** c. **FAUX.** d. **VRAI.** e. **VRAI.** f. **VRAI.** g. **VRAI** (en effet, E est le point de concours des hauteurs du triangle ABC, donc (BE) est la hauteur relative au côté [AC]).

› 2

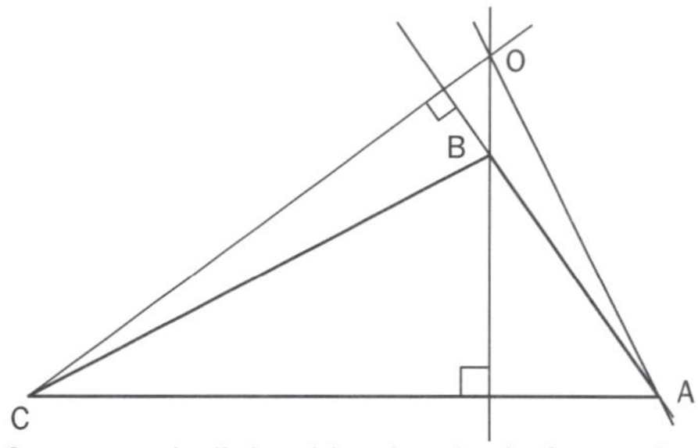

On construit d'abord le triangle de façon classique, avec la règle et le compas.
À l'aide d'une équerre, on trace la hauteur issue de B, puis la hauteur issue de C, pour laquelle il faut prolonger [AB].
Leur point d'intersection O est le point de concours des hauteurs du triangle ABC.
La troisième hauteur, issue de A, passe donc par O.
Pour obtenir la troisième hauteur, il suffit donc de tracer (OA).

› 3

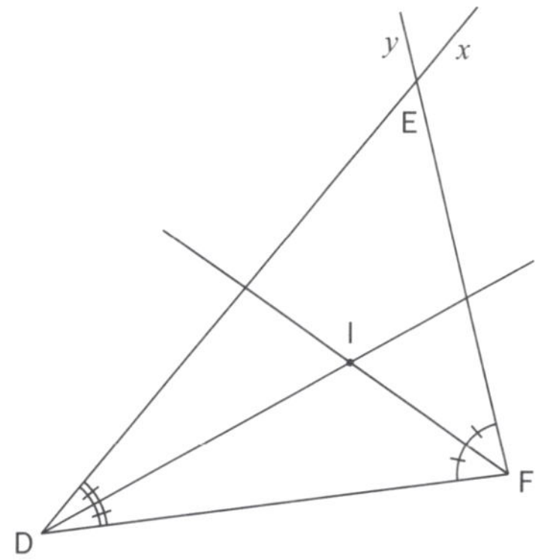

On commence par tracer les demi-droites [DI) et [FI).
Puis on mesure $\widehat{IDF}$ et on construit une demi-droite [Dx) telle que $\widehat{IDx} = \widehat{IDF}$.
On procède de la même façon pour construire [Fy).
Les demi-droites se coupent en E, le point cherché.

› 4 a. On sait que la bissectrice d'un angle le partage en deux angles de même mesure.
Or (AH) est la bissectrice de $\widehat{BAC}$.
Donc $\widehat{BAC} = 2 \times \widehat{HAC} = 2 \times 34 =$ **68°.**
D'autre part, (BI) est la bissectrice de ABC.
Donc $\widehat{ABC} = 2 \times \widehat{ABI} = 2 \times 26 =$ **52°.**
De plus, la somme des angles d'un triangle est égale à 180°. Donc
$\widehat{ACB} = 180 - (\widehat{BAC} + \widehat{ABC}) = 180 - (68 + 52) =$ **60°.**
Par conséquent, **$\widehat{BAC}$ = 68°, $\widehat{ABC}$ = 52° et $\widehat{ACB}$ = 60°.**

b. Les droites (AH) et (BI) sont les bissectrices de deux des angles du triangle ABC.
Elles se coupent en O, donc **O est le point de concours des bissectrices des angles du triangle ABC.**

c. La droite (CO) passe par le point de concours des bissectrices des angles du triangle $\widehat{ABC}$.
(CO) est donc la bissectrice de l'angle $\widehat{ACB}$.
Par conséquent, $\widehat{BCO} = \dfrac{\widehat{ACB}}{2} = \dfrac{60°}{2} =$ **30°.**

› 5

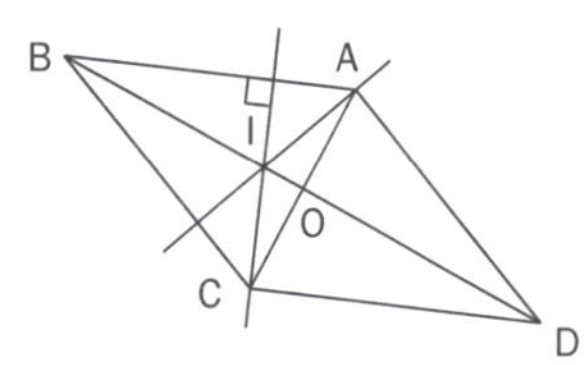

Échelle 1/2
Hypothèses :
ABCD est un losange de centre O.
(CI) ⊥ (AB).
AC = 3 et AB = 4.

Par hypothèse, le quadrilatère ABCD est un losange de centre O.
Ses diagonales [AC] et [BD] sont donc perpendiculaires.
Par conséquent, (BO) est la hauteur issue de B du triangle ABC.
De plus, (CI) est perpendiculaire à [AB], donc (CI) est la hauteur issue de C du triangle ABC.
Ces deux hauteurs se coupent en I.
Or les hauteurs d'un triangle sont concourantes, donc I est le point de concours des hauteurs du triangle ABC.
Par conséquent, (AI) est la hauteur issue de A du triangle ABC, donc **(AI) est perpendiculaire à (BC).**

chapitre 27 p. 00

1 a.

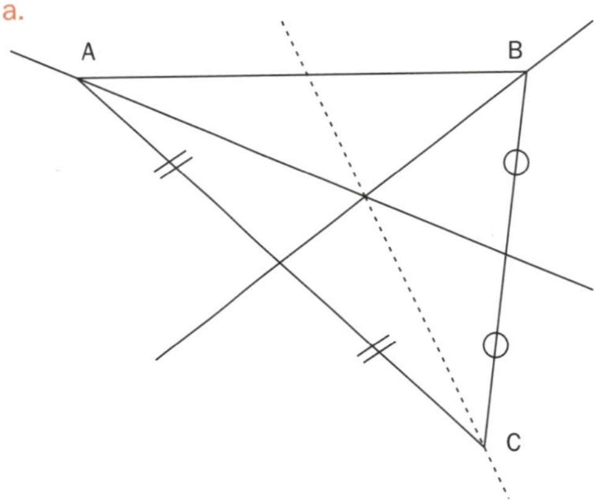

b. Le compas permet de tracer les médiatrices, donc de trouver les milieux pour tracer les médianes.
c. Les trois médianes sont concourantes en un point donc, on peut tracer la troisième médiane avec le point d'intersection des deux premières médianes et le point C.

2 a.

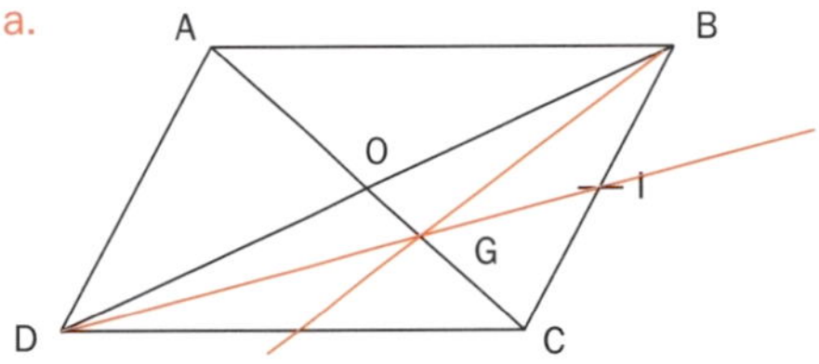

b. G représente le point de concours des médianes. En effet, I est le milieu de [BC] et O est le milieu de [DB] donc (DI) et (CO) sont deux médianes de DBC.

c. La troisième médiane est la droite (BG) qui coupe donc [DC] en son milieu.

3

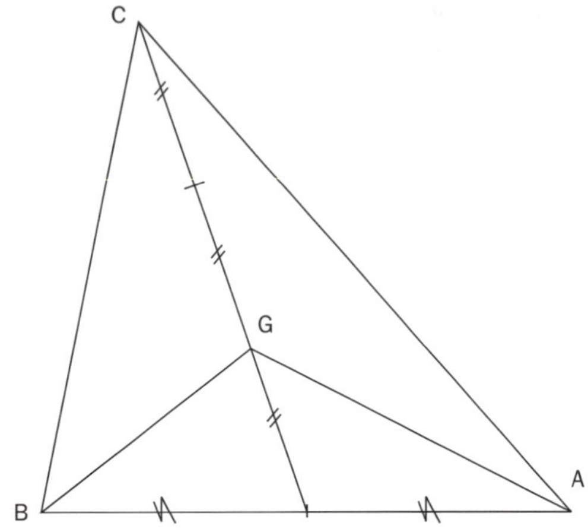

On utilise le fait que le point de concours des médianes est situé aux $\frac{2}{3}$ de la médiane qui passe par le milieu de [AB] à partir du sommet.

4

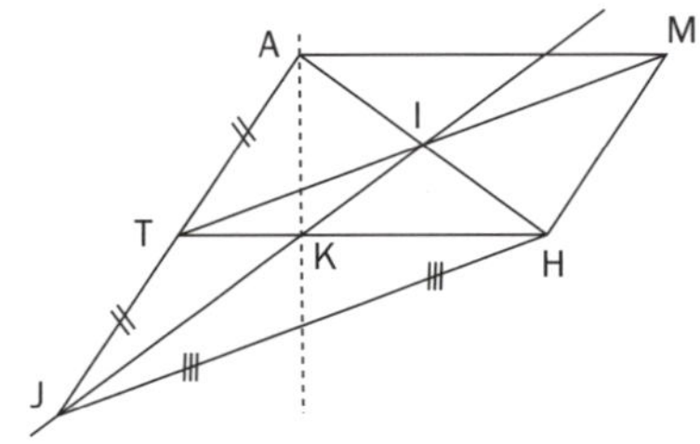

D'une part, MATH est un parallélogramme de centre I. Donc I est le milieu des diagonales, et en particulier le milieu de [AH].
D'autre part, J est le symétrique de A par rapport à T. Donc T est le milieu de [AJ].
Par conséquent, dans le triangle AJH, (JI) et (HT) sont deux médianes et la droite (AK), qui passe par leur point d'intersection et le sommet A, est la troisième médiane.
Elle coupe donc **le côté [JH] en son milieu.**

5

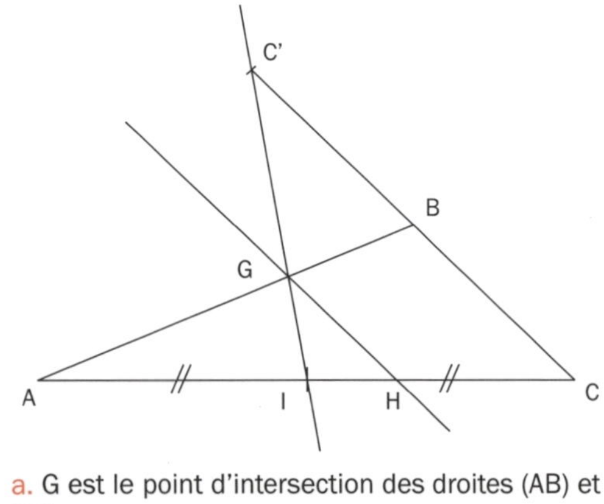

a. G est le point d'intersection des droites (AB) et (C'I).

Or I est le milieu de [AC] et B est le milieu de [CC'] (car C' est le symétrique de C par rapport à B).
Par conséquent, (AB) et (C'I) sont deux médianes du triangle ACC'.
Donc **G est le point de concours des médianes du triangle ACC'.**

b. Le point de concours des médianes d'un triangle est situé au $\frac{2}{3}$ de chacune d'elles en partant du sommet.
Donc AG = $\frac{2}{3} \times 4{,}5 =$ **3, soit AG = 3 cm.**

c. Dans le triangle ABC, G ∈ [AB], H ∈ [AC] et (GH) // (BC), donc on a l'égalité :
$\frac{AG}{AB} = \frac{AH}{AC} = \frac{GH}{BC}$.
Par conséquent, $\frac{2}{3} = \frac{AH}{6} = \frac{GH}{2{,}4}$.
Donc AH = (6 × 2) ÷ 3 = 4
et GH = (2 × 2,4) ÷ 3 = 1,6 cm.
Périmètre de AGH : 3 + 4 + 1,6 = **8,6, soit 8,6 cm.**

chapitre 28 p. 67

› 1

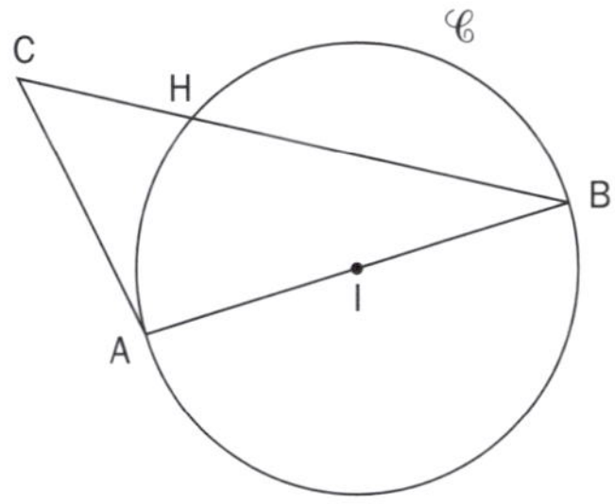

Le point H est obtenu en traçant le cercle 𝒞 de centre I qui passe par A.
En effet, le point I est le milieu du segment [AB], donc [AB] est un diamètre de 𝒞.
Le point H appartient au cercle de diamètre [AB], donc le triangle AHB est rectangle en H.
Par conséquent, (AH) est bien la hauteur issue de A et H est bien le point cherché.

› 2 Hypothèses :
B ∈ $\mathscr{C}_1$,cercle de diamètre [AC].
D ∈ $\mathscr{C}_2$, cercle de diamètre [CE].
A, C et E sont alignés.
B, C et D sont alignés.

Par hypothèse, le point B appartient au cercle de diamètre [AC], donc le triangle ABC est rectangle en B.
Par conséquent, la droite (AB) est perpendiculaire à la droite (BC).
Pour les mêmes raisons, la droite (ED) est perpendiculaire à la droite (DC).

Par hypothèse, les points B, C et D sont alignés, donc les droites (AB) et (ED) sont toutes les deux perpendiculaires à la droite (BD).
On sait que deux droites perpendiculaires à une même droite sont parallèles.
Par conséquent, **les droites (AB) et (ED) sont parallèles.**

› 3 a.

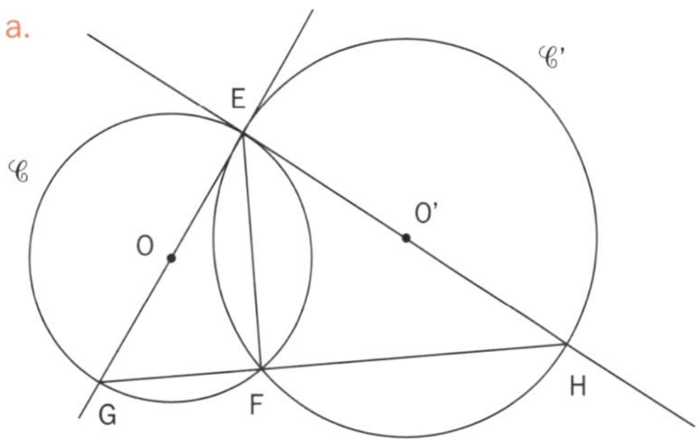

Hypothèses :
𝒞 et 𝒞'se coupent en E et F.
(EO) recoupe 𝒞 en G.
(EO') recoupe 𝒞' en H.

b. Par hypothèse, E est un point du cercle 𝒞 de centre O et la droite (EO) recoupe ce cercle en G donc [EG] est un diamètre de 𝒞.
De plus, 𝒞 et 𝒞' se coupent en F.
Donc F appartient au cercle de diamètre [EG].
Par conséquent, le triangle EFG est rectangle en F.
De la même façon, on peut démontrer que le triangle EFH est rectangle en F.
Donc $\widehat{EFG} = \widehat{EFH} = 90°$.
$\widehat{EFG} + \widehat{EFH} = 180°$.
Par conséquent, **les points G, F et H sont alignés.**

› 4

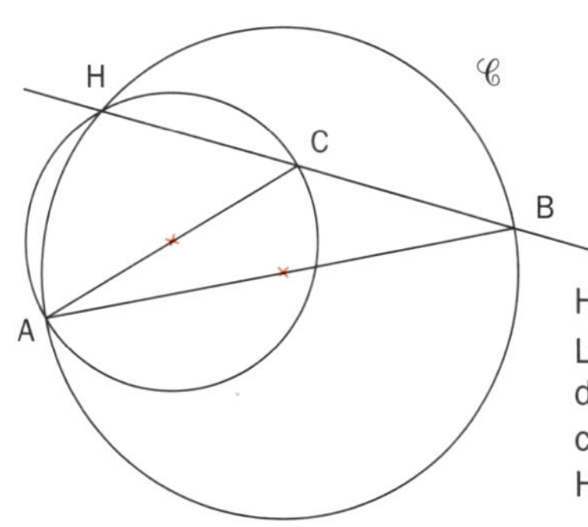

Hypothèse :
Le cercle 𝒞, de diamètre [AB], coupe (BC) en H.

a. D'après les hypothèses, le point H appartient au cercle de diamètre [AB].
Le triangle AHB est donc rectangle en H.
b. D'après ce qui précède, le triangle AHB est rectangle en H.
On en déduit que le triangle AHC est également rectangle en H.
Par conséquent, son hypoténuse [AC] est un diamètre de son cercle circonscrit.

Le cercle de diamètre [AC] est le cercle circonscrit au triangle AHC, donc il **passe par H.**

5 a.

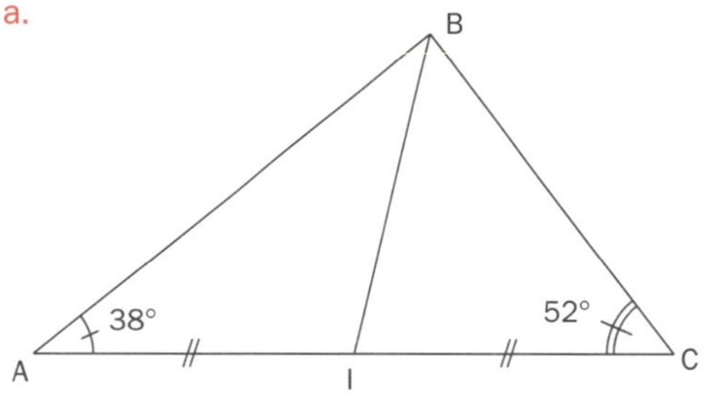

b. Par hypothèse, dans le triangle ABC, on a :
$\widehat{BAC} = 38°$ et $\widehat{BCA} = 52°$.
Or la somme des angles d'un triangle est égale à 180°.
Donc $\widehat{ABC} = 180 - (38 + 52) = 90°$.
D'après ce qui précède, le triangle ABC est rectangle en B.
De plus, par hypothèse, I est le milieu de [AC].
Par conséquent, [BI] est la médiane issue du sommet de l'angle droit, elle a donc pour longueur la moitié de celle de l'hypoténuse.
Donc IA = IB.
Par conséquent, le triangle AIB est isocèle en I et, par suite, $\widehat{ABI} = \widehat{IAB}$.
Donc $\mathbf{\widehat{ABI} = 38°}$.

chapitre 29 p. 69

1 ABC est un triangle rectangle en B, donc le théorème de Pythagore permet d'écrire l'égalité suivante :

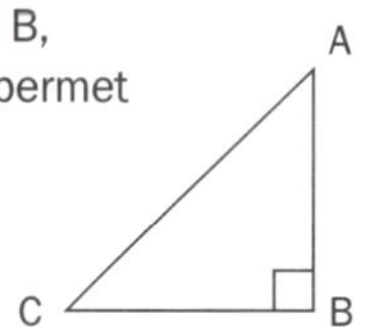

$AC^2 = AB^2 + BC^2$
Or AB = 16 et AC = 23 ,2
donc $23,2^2 = 16^2 + BC^2$
$BC^2 = 538,24 - 256$
$BC^2 = 282,24$
donc $BC = \sqrt{282,24} = 16,8$.
Le côté [BC] mesure 16,8 cm.

2 Avner lui rétorque à juste raison : « Je ne suis pas d'accord : si c'était le cas, d'après le théorème **de Pythagore,** on aurait l'égalité suivante :
$AB^2 + AC^2 = BC^2$.
Or $AB^2 + AC^2 = \mathbf{4,5^2 + 10,5^2 = 130,5}$
et $BC^2 = \mathbf{129,96}$.
Donc $\mathbf{AB^2 + AC^2 \neq BC^2}$.
L'égalité n'est pas vérifiée , le triangle **n'est pas rectangle en A.** »

3

MN (cm)	2	4,5	7	**8**	7
MP (cm)	3	**4,7**	8	15	**24**
PN (cm)	**3,6**	6,5	**10,6**	17	25

4 a. $A = \dfrac{RT \times SU}{2}$.
Calcul de SU :
Dans le triangle RSU rectangle en U, le théorème de Pythagore permet d'écrire :
$RS^2 = SU^2 + RU^2$
$13^2 = SU^2 + 5^2$
$SU^2 = 13^2 - 5^2 = 144$
SU = 12.
Donc $A = \dfrac{(5 + 9) \times 12}{2}$ = **84, soit 84 cm².**

b. P = RS + RT + TS = RS + RU + UT + TS
Calcul de TS :
Dans le triangle TSU rectangle en U, le théorème de Pythagore permet d'écrire :
$TS^2 = SU^2 + TU^2$
$TS^2 = 12^2 + 9^2$
$TS^2 = 225$, donc TS = 15.
Donc P = 13 + 5 + 9 + 15 = **42, soit 42 cm.**

5 Avec le théorème de Pythagore :
– on calcule PB dans CPB rectangle en C : on trouve environ 0,64 km ;
– on calcule AC dans ACP rectangle en P : on trouve environ 1,3 km.
Longueur du trajet bleu : 1,2 + 0,64 = 1,84
soit environ 1,84 km.
Longueur du trajet rouge : 1,3 + 0,4 = 1,7
soit environ 1,7 km.
Le trajet le plus court est le trajet rouge.

6 Les dimensions du rectangle HOKL sont 15 et 22.
Donc IO = 15 – 4 = 11
et OJ = 22 – 4 = 18.
On calcule IJ dans le triangle OIJ rectangle en O, en utilisant le théorème de Pythagore :
IJ ≈ 21,1 cm.

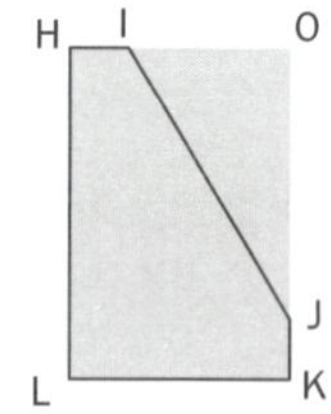

chapitre 30 p. 71

1 Voir le tableau page suivante.

	Calculs	Conclusion
1er cas	$AB^2 + AC^2 = 63^2 + 1\,984^2$ $= \mathbf{3\,940\,225}$ $BC^2 = 1\,985^2 = \mathbf{3\,940\,225}$	AB + BC > BC, donc A, B et C déterminent un triangle ABC. De plus, $AB^2 + AC^2 = BC^2$, donc **ABC est un triangle rectangle en A.**
2e cas	$AB^2 + BC^2 = 48^2 + 48^2$ $= 2304 + 2304 = \mathbf{4\,608}$ $AC^2 = 69^2 = \mathbf{4\,761}$	AB + BC > BC et AB = BC, donc A, B et C déterminent un triangle ABC isocèle en B. Mais $AB^2 + BC^2 \neq AC^2$, donc **le triangle ABC n'est pas rectangle.**
3e cas	AB + BC = 15 + 6 = **21** AC = **21**	AC = AB + BC, donc **les points A, B et C sont alignés et ne déterminent pas un triangle.**
4e cas	$AC^2 + BC^2 = 48^2 + 20^2 = \mathbf{2\,704}$ $AB^2 = 52^2 = \mathbf{2\,704}$	AB + BC > BC donc A, B et C déterminent un triangle ABC. $AC^2 + BC^2 = AB^2$, donc **le triangle ABC est rectangle en C.**

☛ On a utilisé les règles suivantes :

• Trois points déterminent un triangle si la somme des longueurs des deux plus petits segments limités par deux de ces points est supérieure à la longueur du 3e segment (inégalité triangulaire).

• Trois points sont alignés si la somme des longueurs des deux plus petits segments limités par deux de ces points est égale à la longueur du 3e segment.

› **2** Par hypothèse, ABCD est un parallélogramme de centre O, donc ses diagonales ont le même milieu.

Par conséquent, $OB = \frac{BD}{2} = \frac{14}{2} = 7$

et $AO = \frac{AC}{2} = \frac{12}{2} = 6$.

Dans le triangle AOB, on a : $OA^2 + OB^2 = 6^2 + 7^2 = 85$ et $AB^2 = 9^2 = 81$, donc $OA^2 + OB^2 \neq AB^2$ et par suite, d'après le théorème de Pythagore, AOB n'est pas rectangle.
Les diagonales du parallélogramme ABCD ne sont pas perpendiculaires, donc **ABCD n'est pas un losange.**

› **3** a. ABC est un triangle rectangle en A, donc le théorème de Pythagore permet d'écrire l'égalité :
$BC^2 = AB^2 + AC^2$
or AB = 25 et AC = 60
donc $BC^2 = 25^2 + 60^2$
$BC^2 = 625 + 3\,600$
$BC^2 = 4\,225$
donc $BC = \sqrt{4\,225}$ = **65, soit 65 cm.**

b. Dans le triangle BCD :
$BC^2 = 4\,225$
$BD^2 + DC^2 = 39^2 + 52^2 = 4\,225$
donc $BC^2 = BD^2 + DC^2$
D'après la réciproque du théorème de Pythagore, **le triangle BCD est rectangle en D.**

› **4** Dans le triangle AOB, on a :
$OA^2 + OB^2 = 3^2 + 4^2 = 25$ et $AB^2 = 5^2 = 25$, donc $OA^2 + OB^2 = AB^2$ et la réciproque du théorème de Pythagore permet d'affirmer que le triangle ABO est rectangle en O.
Par conséquent, **le chemin [AO] est perpendiculaire à la clôture [OB].**

☛ Le triangle de côtés 3, 4 et 5 est le triangle « typique » du théorème de Pythagore, car $3^2 + 4^2 = 5^2$. (Voir la corde à nœuds p. 53)

chapitre 31 p. 73

› **1** Le triangle **ADC** est rectangle en **A** donc
$\cos \widehat{ADC} = \frac{\mathbf{AD}}{\mathbf{DC}}$.
Le triangle **ABC** est rectangle en **C** donc
$\cos \widehat{ABC} = \frac{\mathbf{BC}}{\mathbf{AB}}$.
Le triangle **ADC** est rectangle en **A** donc
$\cos \widehat{ACD} = \frac{\mathbf{AC}}{\mathbf{DC}}$.
Le triangle **AFD** est rectangle en **A** donc
$\cos \widehat{AFD} = \frac{\mathbf{FA}}{\mathbf{FD}}$.
Le triangle **FCB** est rectangle en **C** donc
$\cos \widehat{FBC} = \frac{\mathbf{BC}}{\mathbf{FB}}$.

› **2** (BH) est la hauteur issue de B du triangle ABC, donc les triangles ABH et BHC sont rectangles en H.

a. Le triangle ABH est rectangle en H, donc
$\cos \widehat{BAH} = \frac{AH}{AB}$
$\cos 40° = \frac{AH}{2,8}$
$AH = 2,8 \times \cos 40°$
AH ≈ 2,1 cm.

b. H ∈ [AC], donc HC ≈ 6 – 2,1
HC ≈ 3,9 cm.

Le triangle CBH est rectangle en H, donc

$\cos \widehat{BCH} = \dfrac{HC}{BC}$

$\cos 27° \approx \dfrac{3{,}9}{BC}$

$BC \approx \dfrac{3{,}9}{\cos 27°}$

BC ≈ 4,4 cm.

› 3 Pour compléter le tableau, on utilise dans le triangle ABC rectangle en A les formules suivantes :
$\cos \widehat{ABC} = \dfrac{AB}{BC}$ et $\cos \widehat{ACB} = \dfrac{AC}{BC}$.

	AB	AC	BC	$\widehat{ABC}$	$\widehat{ACB}$
1er cas	**7,3 cm**	**3,3 cm**	8 cm	24°	**66°**
2e cas	4 cm	**3,6 cm**	**5,4 cm**	42°	**48°**
3e cas	6 cm	**5,3 cm**	8 cm	**41,4°**	**48,6°**

› 4 a. Calculer l'angle que l'échelle fait avec le mur revient à calculer l'angle $\widehat{HJR}$.
Le mur est vertical et le sol horizontal, donc le triangle JHR est rectangle en H.

On a $\cos \widehat{HJR} = \dfrac{JH}{JR}$

JH = 4,8 et JR = 5,2

donc $\cos \widehat{HJR} = \dfrac{4{,}8}{5{,}2}$

Par conséquent $\widehat{HJR} \approx 22{,}6°$.

L'échelle fait un angle d'environ 22,6° avec le mur.

b. Calculer la distance du pied de l'échelle au mur revient à calculer HR.

$\widehat{JRH} \approx 90° - 22{,}6°$, d'où $\widehat{JRH} \approx 67{,}4°$.

$\cos \widehat{JRH} = \dfrac{HR}{JR}$

$\cos 67{,}4° \approx \dfrac{HR}{5{,}2}$

$HR \approx 5{,}2 \times \cos 67{,}4°$, d'où HR ≈ 2 m.

Le pied de l'échelle se trouve à environ 2 m du mur.

› 5 $\widehat{AJB} = \widehat{IJB} - \widehat{IJA}$

Dans le triangle IJA, rectangle en I, on a :

$\cos \widehat{IJA} = \dfrac{IJ}{JA}$

$\cos \widehat{IJA} = \dfrac{12}{15}$.

Donc $\widehat{\mathbf{IJA}} \approx$ **37°**.

Dans le triangle IJB, également rectangle en I, on a :

$\cos \widehat{IJB} = \dfrac{IJ}{JB}$

$\cos \widehat{IJB} = \dfrac{12}{22}$

donc $\widehat{\mathbf{IJB}} \approx$ **57°**

$\widehat{AJB} = \widehat{IJB} - \widehat{IJA} \approx 57° - 37°$, d'où $\widehat{AJB} \approx 20°$.

Le buteur voit le but sous un angle d'environ 20°.

chapitre 32 p. 75

› 1 a. **VRAI**, car A appartient au cercle de diamètre [CF].
b. **VRAI**, car G appartient au cercle de diamètre [DB].
c. **VRAI**, car elle est perpendiculaire au rayon [DG].
d. **FAUX**, car elle n'est pas perpendiculaire au rayon [EA].

› 2 a. **FAUX**, car [DA] n'est pas perpendiculaire à la droite (CA).
b. **VRAI**, car [FA] est perpendiculaire à la droite (CA).
c. **FAUX**, car [BD] n'est pas perpendiculaire à la droite (DG).
d. **VRAI**, car [BG] est perpendiculaire à la droite (DG).
e. **VRAI**, car [DG] est perpendiculaire à la droite (BG).

› 3 b. Il faut placer un point A situé à 1,5 cm de O, c'est-à-dire sur le cercle 𝒞, puis tracer la perpendiculaire à [OA] qui passe par A. La droite (*d*) est donc la tangente en A au cercle 𝒞'.
c. La droite (*d'*) est la tangente en A' au cercle 𝒞, le point A' étant le symétrique de A par rapport à O.

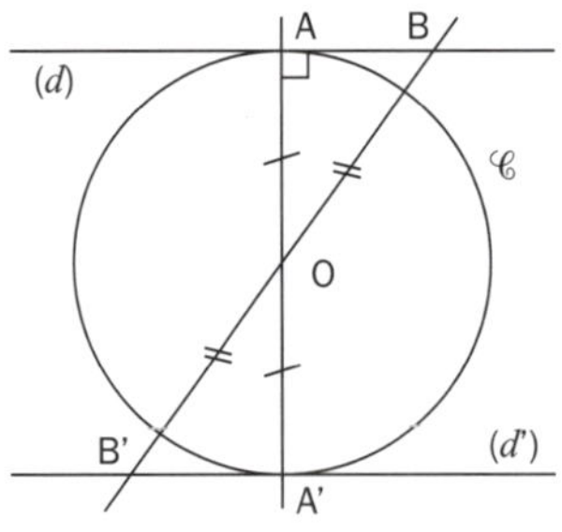

› 4 a. Le centre du cercle se trouve **sur la perpendiculaire à (*d*) qui passe par A.**
b. Il y a **deux cercles possibles**.

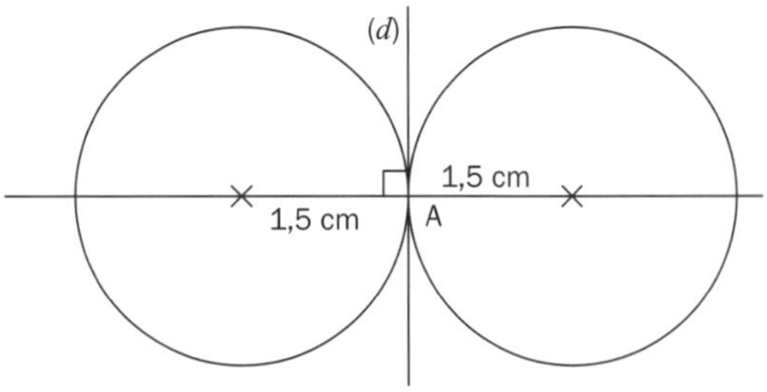

› 5 a. et b.

Hypothèses :
ABCD est un losange.
OA = 3 cm, OB = 2 cm et AI = 1,4 cm.
𝒞 est le cercle de centre I de rayon 1,6 cm.

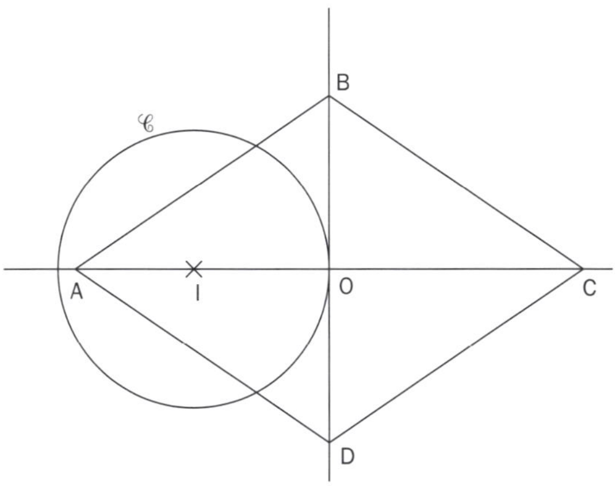

c. **1re étape : on démontre que (BD) est perpendiculaire à [IO].**
Par hypothèses, ABCD est un losange de centre O. Ses diagonales [AC] et [BD] sont donc perpendiculaires.
Or I est un point de [OA], donc (BD) est perpendiculaire à [IO].
2e étape : on démontre que [IO] est un rayon du cercle 𝒞.
I est un point de [OA], d'où AO = AI + IO.
Or AI = 1,4 cm et AO = 3 cm.
Donc IO = AO – AI = 3 – 1,4 = 1,6 cm.
Le cercle 𝒞 de centre I a un rayon de 1,6 cm, donc [IO] est un rayon de ce cercle.
3e étape : on conclut.
La droite (BD) est la perpendiculaire en O au rayon [IO] du cercle 𝒞, c'est donc la tangente en O au cercle 𝒞.

chapitre 33 p. 77

1 ☛ On utilise la définition suivante : étant donnés deux points distincts A et B, l'image d'un point M par la translation qui transforme A en B est le point M' tel que le quadrilatère ABM'M soit un parallélogramme.
On fait attention à la grande différence de sens entre « a pour image » et « est l'image de ».

a. Par la translation qui transforme A en B, L a pour image **M** (car ABML est un parallélogramme) et [MR] est l'image de **[LQ]** (R est l'image de Q car ABRQ est un parallélogramme).
b. Par la translation qui transforme T en L, O a pour image **G** (TLGO est un parallélogramme) et (KB) est l'image de **(SJ)** (TLKS et TLBJ sont des parallélogrammes).
c. Par la translation qui transforme **Q** en M, G a pour image C et **[LB)** est l'image de [PF) (QMCG est un parallélogramme, ainsi que QMBF et QMLP).

d. Par la translation qui transforme M en A : le cercle de centre T qui passe par R a pour image **le cercle de centre H qui passe par F** (on cherche d'abord l'image du centre du cercle : H ; ensuite on le fait passer par le point F image de R).

2 a. Par la translation qui transforme A en B :
- la figure 2 a pour image la figure **10.**
- la figure 6 a pour image la figure **14.**
- la figure 11 est l'image de la figure **3.**

b. Par la translation qui transforme E en D :
- la figure 2 a pour image la figure **15.**
- la figure 1 a pour image la figure **14.**
- la figure 16 est l'image de la figure **3.**

c. Par la translation qui transforme **C** en **E** :
- la figure 11 a pour image la figure 1.

3

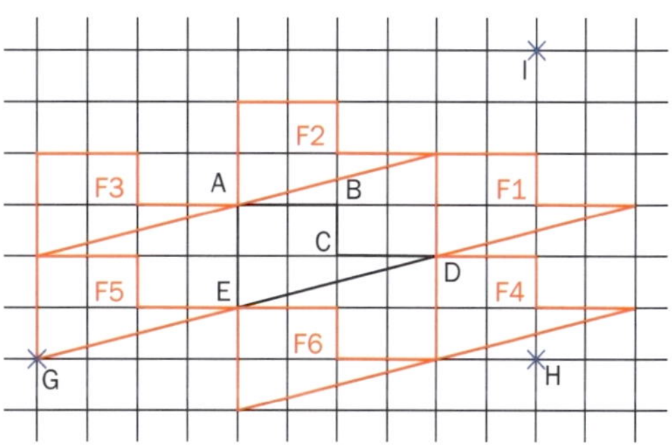

4

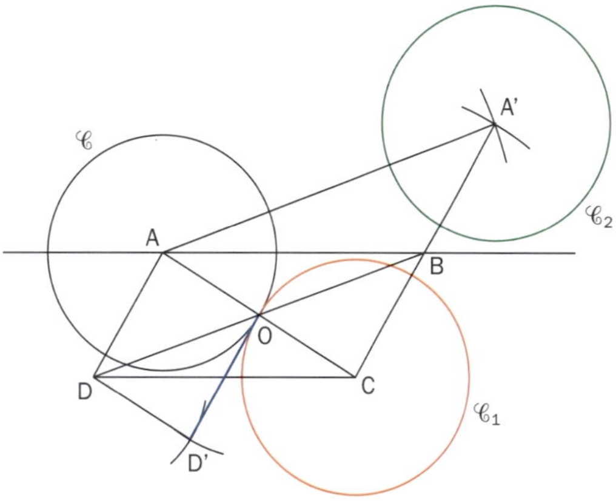

a. Il suffit de construire le point D' pour que le quadrilatère AOD'D soit un parallélogramme.

b. L'image de 𝒞 est le cercle $\mathscr{C}_1$ de centre C, image de A, et de même rayon AO.
Pour obtenir l'image du cercle 𝒞 par la translation qui transforme D en B, on construit le point A', image du centre A, tel que DBA'A soit un parallélogramme, puis on trace un cercle $\mathscr{C}_2$ de centre A' et de même rayon que 𝒞.

chapitre 34 p. 79

1 a. Attention, cette figure n'est pas à l'échelle

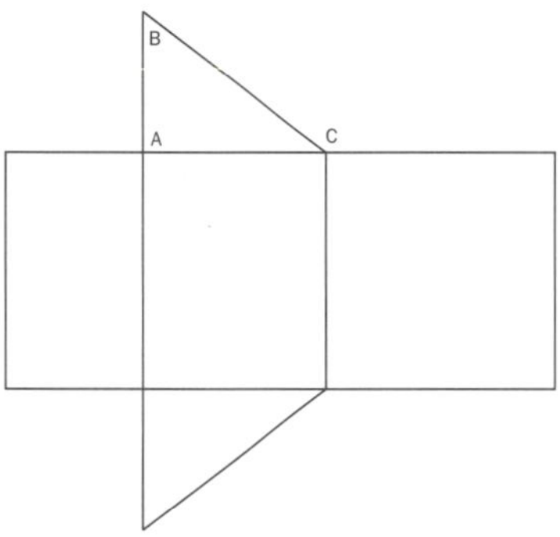

b.

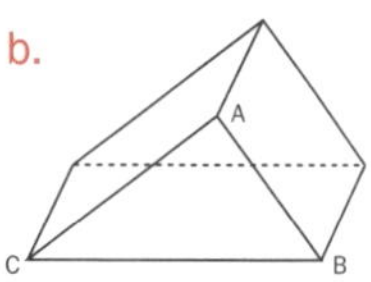

Remarque : Les faces latérales sont trois rectangles.

2 a. **OUI**. b. **OUI**. c. **NON**. d. **OUI**.

3 On trace d'abord un rectangle de longueur 12 cm et de largeur 6 cm.
Ensuite on trace deux demi-cercles de rayon 3 cm, centrés au milieu de chacune des largeurs.

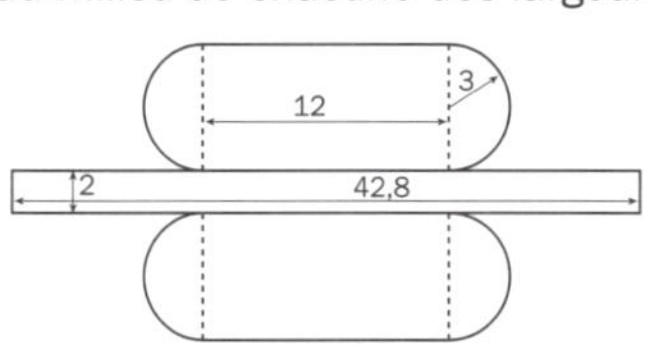

La face latérale est un rectangle dont la longueur est égale à :
$2 \times 12 + 2 \times \pi \times 3$, soit environ 42,8 cm
et la largeur est égale à 2 cm.
On complète la figure par symétrie.

4 a. On commence par tracer les segments [AB] et [BC], tels que AB = 2 cm, BC = 3 cm et $\widehat{ABC} = 130°$.
On complète le parallélogramme, puis on trace les faces latérales. On termine par l'autre base, en faisant attention à son « inclinaison ».

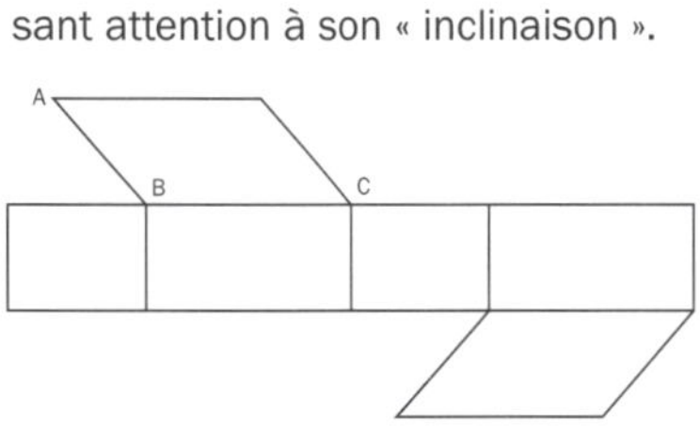

b. Sur le patron, les faces latérales forment un rectangle dont la longueur est égale à la somme des longueurs des côtés d'une base, c'est-à-dire à son périmètre.
La longueur de ce rectangle est donc
2 + 3 + 2 + 3 = 10 cm.
Sa largeur est égale à la hauteur du prisme, soit 3 cm.
Par conséquent, $A = 10 \times 3 =$ **30, soit 30 cm²**.

5 Cette aire est égale à la somme de l'aire latérale d'un demi-cylindre de 7 m de longueur et de rayon 2 m et de l'aire de deux demi-disques de 2 m de rayon.
Donc $A = \frac{1}{2}(\pi \times 2 \times 2 \times 7) + \pi \times 2^2$
$A = 14\pi + 4\pi = 18\pi$
A ≈ 56,55 m² ou 5 655 dm².

6 **Calcul de l'aire à peindre :**
Cette aire est égale au produit de l'aire d'une boîte par le nombre de boîtes.
Calculons l'aire d'une boîte :
$(\pi \times 5^2) \times 2 + \pi \times 10 \times 12 = 50\pi + 120\pi = 170\pi$.
On obtient l'aire d'une boîte en additionnant l'aire d'une base multiplié par 2 et l'aire de la face latérale.
Aire à peindre :
$170\pi \times 25\,000 = 4\,250\,000\pi \approx 13\,351\,768{,}8$, soit 13 351 768,8 cm² ou **1 335,2 m²**.
Quantité de peinture nécessaire :
1 335,2 ÷ 7 ≈ **191 kg**.

chapitre 35 p. 81

1 a. oui. b. oui. c. non.

2 a. Pour construire cette pyramide en perspective, il faut commencer par représenter sa base ainsi que son centre, puis tracer sa hauteur [OS] en veillant à respecter les proportions.

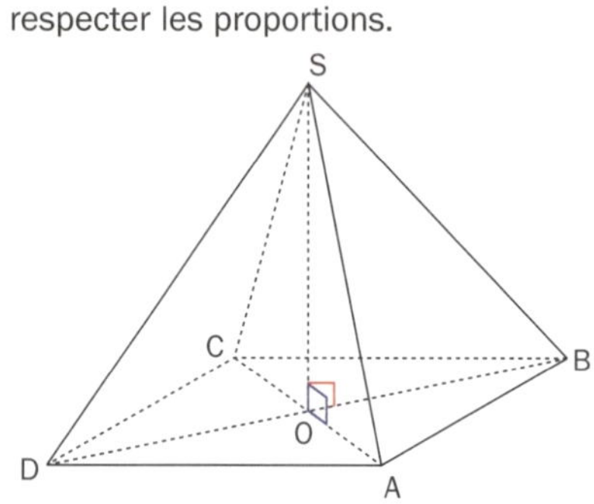

b. [SO] est la hauteur de la pyramide donc le triangle SOA est rectangle en O.
Par hypothèse, le quadrilatère ABCD est un losange donc ses diagonales se coupent en leur milieu et par conséquent OA = 4 ÷ 2 = 2.
Dans le triangle SOA, le théorème de Pythagore permet d'écrire :
$SA^2 = SO^2 + OA^2$.
$SA^2 = 4^2 + 2^2 = 20$.
Donc $SA = \sqrt{20} \approx$ **4,5, soit 4,5 cm.**

c. [SO] est la hauteur de la pyramide donc le triangle SOB est rectangle en O.
Par hypothèse, le quadrilatère ABCD est un losange donc ses diagonales se coupent en leur milieu et par conséquent OB = 6 ÷ 2 = **3**.
Dans le triangle SOB, le théorème de Pythagore permet d'écrire :
$SB^2 = SO^2 + OB^2$
$SB^2 = 4^2 + 3^2 = 25$
donc SB = $\sqrt{25}$ = **5, soit 5 cm**.
d. Pour réaliser le patron, on construit le losange ABCD tel que AC = 4 cm et BD = 6 cm, puis on construit le triangle SAB tel que SA = 4,5 cm et SB = 5 cm. On termine en construisant les trois autres triangles identiques au triangle SAB.

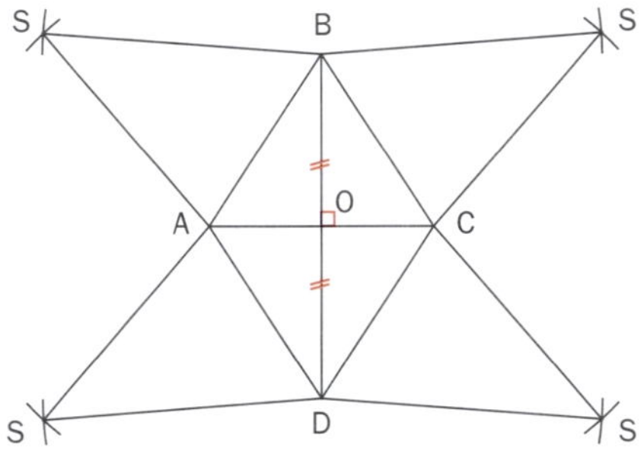

› 3 a. Voir figure ci-dessous.
b. [EF] est perpendiculaire à la face CDGF donc le triangle DFE est rectangle en F.
c.

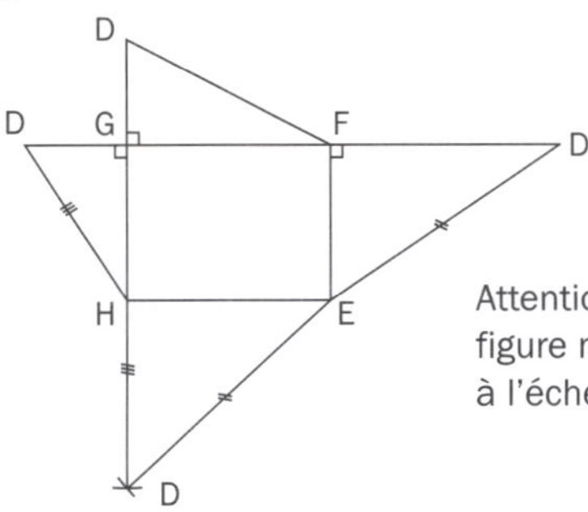

Attention, cette figure n'est pas à l'échelle.

› 4 a. La pyramide est régulière donc sa base ABCD est un carré, par conséquent le triangle ABC est rectangle et isocèle en B et d'après le théorème de Pythagore on a :
$AC^2 = AB^2 + BC^2$
$AC^2 = 4^2 + 4^2 = 32$
d'où AC = $\sqrt{32} \approx$ **5,7, soit 5,7 cm**.
b. Le quadrilatère ABCD est un carré donc ses diagonales se coupent en leur milieu et par conséquent AH= $\frac{AC}{2} = \frac{\sqrt{32}}{2} \approx$ **2,8, soit 2,8 cm**.

c. [SH] est la hauteur de la pyramide donc le triangle SAH est rectangle en H et d'après le théorème de Pythagore on a :
$SH^2 + HA^2 = SA^2$
$SH^2 + \left(\frac{\sqrt{32}}{2}\right)^2 = 4^2$
$SH^2 = 16 - 8 = 8$
SH = $\sqrt{8} \approx$ **2,8, soit 2,8 cm**.

d. Échelle $\frac{1}{2}$

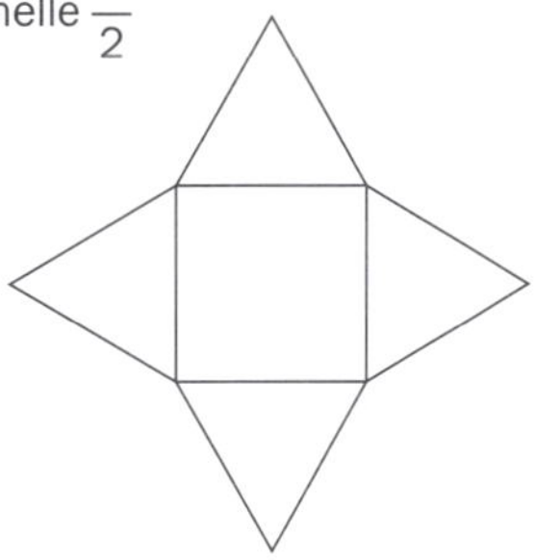

chapitre 36 p. 83

› 1 a. Le triangle **SAH est rectangle en H**.

b. La longueur de la génératrice est égale au rayon du secteur circulaire soit **9,1 cm**.

c. Calcul de la hauteur du cône c'est-à-dire SH :
SAH est un triangle rectangle en H, donc le théorème de Pythagore permet d'écrire l'égalité :
$SA^2 = AH^2 + SH^2$ or AH = 3,5 et SA = 9,1
donc $9{,}1^2 = 3{,}5^2 + HB^2$
$SH^2 = 82{,}81 - 12{,}25$
$SH^2 = 70{,}56$
donc SH = $\sqrt{70{,}56}$ = 8,4.
La hauteur [SH] mesure **8,4 cm**.

d.

	Périmètre du cercle $\mathscr{C}'$	Arc $[\widehat{AA'}]$
Longueur de l'arc (en cm)	$2 \times \pi \times$ **9,1** $\approx$ **57,18**	$2 \times \pi \times$ **3,5** $\approx$ **22**
Angle au centre (en degrés)	**360°**	$\frac{22 \times 360°}{57{,}18} \approx$ **138,5°**

› 2 a. Calcul de la longueur AB :
ABH est un triangle rectangle en H donc le théorème de Pythagore permet d'écrire l'égalité :
$AB^2 = AH^2 + HB^2$.
Or AH = 3,2 et HB = 5 ÷ 2 = 2,5,
donc $AB^2 = 3{,}2^2 + 2{,}5^2$
$AB^2 = 16{,}49$
AB = $\sqrt{16{,}49} \approx 4{,}06$.
La génératrice **[AB] mesure environ 4,06 m**.

b. Calcul du demi-angle au sommet du cône :
ABH est un triangle rectangle en H,

donc $\cos \widehat{BAH} = \frac{HA}{AB}$.

Or AB ≈ 4,06 et HA = 3,2

On obtient : $\cos \widehat{BAH} \approx \frac{3,2}{4,06}$ donc $\widehat{\mathbf{BAH}} \approx 38°$.

3 a. Calcul de l'aire latérale du cône :
L'aire d'un secteur circulaire est proportionnelle à l'angle au centre, donc ici l'aire du quart de disque est égale au quart de l'aire du disque :
$(\pi \times 15^2) \div 4 \approx 176,7$ soit **176,7 cm²**.

b. Calcul du rayon de la base du cône :
Le périmètre de la base doit être égal à la longueur de l'arc du secteur. On obtient l'égalité :
$2 \times \pi \times R = (2\pi \times 15) \div 4$
$2 \times \pi \times R = \pi \times 7,5$
$R = \frac{\pi \times 7,5}{2 \times \pi}$
$R = \frac{7,5}{2}$ = **3,75 cm.**

☛ On a intérêt à ne pas remplacer les 2 « π » par une valeur approchée car on va pouvoir les simplifier.

c. Calcul de l'aire de la surface totale :
$\pi \times 3,75^2 + 176,7 \approx 44,18 + 176,7 = 220,9$
soit **220,9 cm²**.

4 a. Calcul du rayon de la base du cône :
Le périmètre de la base doit être égal à la longueur de l'arc du secteur qui est lui même proportionnel à l'angle au centre du secteur de rayon 32 cm (12 + 20). On obtient l'égalité :

$2 \pi \times R = 2 \pi \times 32 \times \frac{135°}{360°}$.

En simplifiant directement par $2 \times \pi$, on obtient :
$R = \frac{32 \times 135°}{360°} = 12$ soit **12 cm**.

b. Calcul de la hauteur du cône c'est-à-dire OH :
OHB est un triangle rectangle en H donc le théorème de Pythagore permet d'écrire l'égalité :

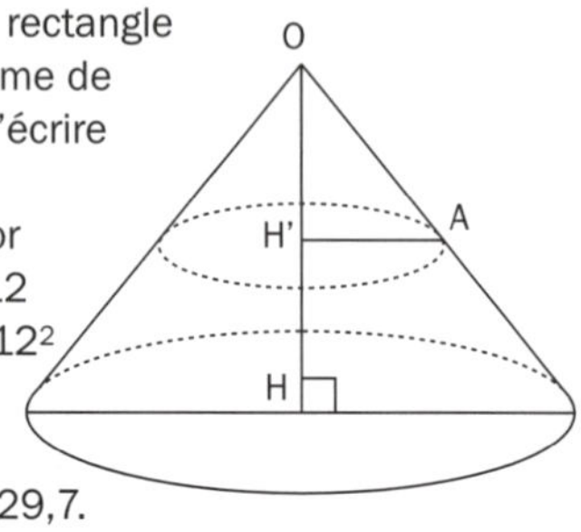

$OB^2 = OH^2 + HB^2$ or
OB = 32 et HB = 12
donc $32^2 = OH^2 + 12^2$
$OH^2 = 32^2 - 12^2$
$OH^2 = 880$
donc $OH = \sqrt{880} \approx 29,7$.
La hauteur [OH] mesure environ 29,7 cm.

c. Hauteur de l'abat-jour : HH' = OH – OH'
• Calcul de OH' :
Dans le triangle OHB, H' est un point du côté [OH], A est un point du côté [OB] et (H'A) est parallèle à (HB) donc on peut écrire : $\frac{OH'}{OH} = \frac{OA}{OB} = \frac{H'A}{HB}$

en particulier $\frac{OH'}{OH} = \frac{OA}{OB}$ or OA = 12 et OB = 32

donc $\frac{OH'}{29,7} \approx \frac{12}{32}$

$OH' \approx (12 \times 29,7) \div 32$
OH' ≈ 11,1, soit environ 11,1 cm.
• Calcul de la hauteur de l'abat-jour :
HH' = OH – OH' ≈ 29,7 – 11,1 = 18,6.
La hauteur de l'abat-jour est environ égale à 18,6 cm.

chapitre 37 p. 85

1

	Parallélépipède rectangle	Prisme droit de base un triangle rectangle	Cylindre	Pyramide à base rectangulaire	Cône
Volume	**V = L × *l* × *h*** **V = 15 × 4 × 7** **V = 420**	**V = B × h** $\mathbf{V = \frac{7,5 \times 6}{2} \times 16}$ **V = 360**	**V = π × R² × h** **V = π × 11² × 14** **V ≈ 5 322**	$\mathbf{V = \frac{1}{3} B \times h}$ $\mathbf{V = \frac{1}{3} (13 \times 6) \times 5}$ **V = 130**	$\mathbf{V = \frac{1}{3} \times \pi \times R^2 \times h}$ $\mathbf{V = \frac{1}{3} \times \pi \times 7^2 \times 7}$ **V ≈ 359**

2 a. Calcul du volume de la pyramide de Chéops :
$\frac{1}{3} B \times h = \frac{1}{3} \times 230^2 \times 137,2 \approx$ **2 419 293 m³.**

b. Calcul du volume de la pyramide du Louvre :
$\frac{1}{3} B \times h = \frac{1}{3} \times 21,64 \times 35^2 \approx$ **8 836 m³**.

c. $\frac{2\,419\,293}{8\,836} \approx 274$ **donc le volume de la pyramide de Chéops est 274 fois plus grand que le volume de la grande pyramide du Louvre.**

3 a. On appelle V le volume total du verre :
V = volume du cylindre + volume du cône
$V = \pi \times R^2 \times h + \frac{1}{3} \times \pi \times R^2 \times H$
$V = \pi \times 5^2 \times 1,5 + \frac{1}{3} \times \pi \times 5^2 \times 4,5$
V ≈ 236 soit **236 cm³**, c'est-à-dire 0,236 litre.

b. Calcul du nombre de verres :
2 ÷ 0,236 ≈ 8,5 soit **8 verres pleins**.

4 a. Schéma :

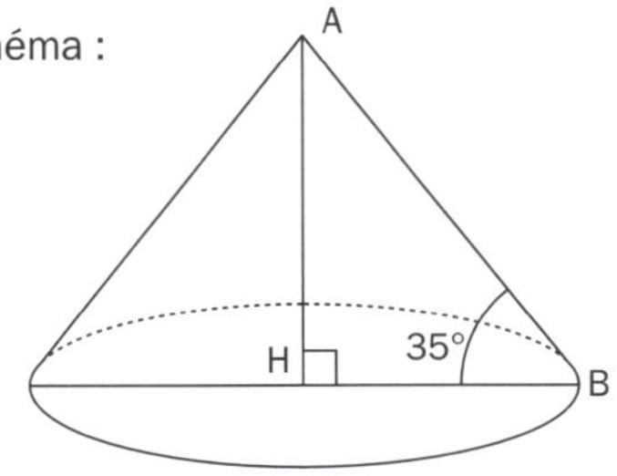

b. Calcul de la longueur de la génératrice :
ABH est un triangle rectangle en H, donc
$\cos \widehat{ABH} = \frac{HB}{AB}$. Or HB = 3, on obtient :
$\cos 35° = \frac{3}{AB}$. Donc $AB = \frac{3}{\cos 35°} \approx 3,66$.
La génératrice mesure environ **3,66 m**.

c. Calcul de la hauteur du tas de sable :
ABH est un triangle rectangle en H donc
$\cos \widehat{BAH} = \frac{HA}{AB}$.
Or $AB \approx 3,66$ et $\widehat{BAH} = 90° - 35° = 55°$.
On obtient : $\cos 55° \approx \frac{AH}{3,66}$
donc $AH \approx 3,66 \times \cos 55°$ et $AH \approx 2,10$.
La hauteur mesure environ **2,10 m**.

d. Calcul du prix du sable :
$\left(\frac{1}{3} \times \pi \times R^2 \times h\right) \times 8,5 = \left(\frac{1}{3} \times \pi \times 3^2 \times 2,1\right) \times 8,5$
$\approx 19,792 \times 8,5 \approx 168,23$ soit **168,23 €**.

bilan 1 p. 86

1 **1.** C. **2.** A et C. **3.** B. **4.** B et C. **5.** B. **6.** A, B et C. **7.** C. **8.** C. **9.** A. **10.** B.

2 **1.** $\frac{1}{3} + \frac{1}{5} + \frac{1}{2} = \frac{31}{30}$.
Cette fraction est supérieure à 1, donc cette répartition n'est pas possible.

2. a. $\frac{1}{1} - \left(\frac{1}{3} + \frac{1}{5}\right) = \frac{7}{15}$. La fraction de terrain qui revient à Christian est donc $\frac{7}{15}$.

b. Si $\frac{7}{15}$ de la surface du terrain mesure 2 100 m^2, alors $\frac{1}{15}$ mesure 2 100 ÷ 7 = 300 m^2, donc l'aire totale est égale à 15 × 300, c'est-à-dire : 4 500 m^2.

c. La superficie de la parcelle d'Alain :
$\frac{1}{3} \times 4\,500 = 1\,500$ m^2.
La superficie de la parcelle de Josette :
$\frac{1}{5} \times 4500 = 900$ m^2.

3. Le terrain vaut : 2 × 75 000 = 150 000.
Les valeurs cumulées du terrain et de la somme d'argent représentent :
150 000 + 75 000 = 225 000 euros.
Pour que le partage soit équitable, chacun doit recevoir : 225 000 ÷ 3 = 75 000 euros.
Avec $\frac{1}{3}$ du terrain, Alain hérite de :
50 000 € (150 000 ÷ 3 = 50 000).
Il devra donc percevoir en plus la somme de :
25 000 € (75 000 – 50 000 = 25 000).
Avec $\frac{1}{5}$ du terrain, Josette hérite de :
30 000 € (150 000 ÷ 5 = 30 000).
Elle devra donc percevoir en plus :
45 000 € (75 000 – 30 000 = 45 000).
Christian devra recevoir l'argent restant :
75 000 – (25 000 + 45 000) = 5 000 €.

bilan 2 p. 87

1 **1.** C. **2.** B. **3.** C. **4.** A. **5.** A et C. **6.** B et C. **7.** A et C. **8.** C.

2 **1.** a. Le nombre de lapins est $3x$.

b. $2x + 4 \times 3x = 14x$.

2. a. Le nombre d'oies est $\frac{y}{3}$.

b. $4y + 2 \times \frac{y}{3} = \frac{14y}{3}$.

3. a. $14x = 42$ et $\frac{14\,y}{3} = 42$.

b. $14x = 42$ donc $x = \frac{42}{14} = 3$
Il y a donc 3 oies et 9 lapins.

bilan 3 p. 88

1 **1.** A et C. **2.** B. **3.** A et C. **4.** A et B. **5.** B. **6.** B. **7.** A. **8.** A. **9.** C. **10.** C.

2 **1.** Calculons la distance parcourue par la lumière en une année :
$300\,000 \times 3600 \times 24 \times 365 = 9,4608 \times 10^{12}$ km.
La distance entre la Terre et l'étoile Pistol est donc :
$9,4608 \times 10^{12} \times 25\,000 = 2,3652 \times 10^{17}$,
soit $2,3652 \times 10^{17}$ km.

2. a. Le rayon du Soleil est :
$1\,391\,940 \div 2 = 695970 = 6,9597 \times 10^5$
$V_1 = \frac{4}{3}\pi \times (6,9597 \times 10^5)^3 = 1,41208 \times 10^{18}$.

b. Le rayon de Pistol est :
325 × 69 5970 = 226 190 250.
$V_2 = \frac{4}{3}\pi \times (2,2619025 \times 10^8)^3 = 4,84742 \times 10^{25}$.

c. Un ordre de grandeur du volume du Soleil est $1,5 \times 10^{18}$. Un ordre de grandeur du volume de l'étoile Pistol est 5×10^{25}.

d. $\frac{V_1}{V_2} \approx \frac{1,5 \times 10^{18}}{5 \times 10^{25}} = 0,3 \times 10^{-7}$.
Un ordre de grandeur du quotient $\frac{V_1}{V_2}$ est 3×10^{-8}.

bilan 4 p. 89

1 **1.** A. **2.** C. **3.** B. **4.** C. **5.** A. **6.** C. **7.** B. **8.** C. **9.** B et C. **10.** B et C.

2 **1.** a. DC = DE – CE = 15,2 – x.

$A_R = AD \times DC$

$A_R = 7(15,2 - x)$ donc $A_R = 106,4 - 7x$.

b. $A_T = \frac{1}{2}(BC \times CE)$ donc $A_T = \frac{7x}{2}$.

2. $A_R = \frac{9}{5} A_T$

$106,4 - 7x = \frac{9}{5} \times \frac{7x}{2}$

$106,4 = \frac{63}{10} + 7x$

$106,4 = \frac{133x}{10}$ donc $x = \frac{1\,064}{133} = 8$, soit 8 cm.

3. Pour $x = 8$, $A_R = 50,4$ cm^2 et $A_T = 28$ cm^2.

bilan 5 p. 90

1 **1.** B. **2.** A et C. **3.** B et C. **4.** A. **5.** B. **6.** B. **7.** B. **8.** A, B et C.

2 **1.** Elles parcourent toutes les deux :

400 × 10 = 4 000 m, soit 4 km.

Vitesse d'Élodie : $V_e = \frac{4}{8} \times 60 = 30$ km.h^{-1}.

Vitesse de Naïma : $V_n = \frac{4}{7,5} \times 60 = 32$ km.h^{-1}.

2. $\frac{V_e}{V_n} = \frac{30}{32} = 0,9375$, soit 93,75 %.

La vitesse d'Élodie représente 93,75 % de celle de Naïma.

3. Appelons t, le temps en heures, nécessaire à Naïma pour rattraper Élodie et d la distance parcourue par Naïma.

On sait que $d = v \times t$, donc l'énoncé nous permet d'écrire l'équation suivante :

$30 \times t + 0,4 = 32 \times t$, car Naïma rattrapera Élodie lorsqu'elles auront parcouru la même distance.

$0,4 = 32\,t - 30\,t$

$0,4 = 2t$, donc $t = 0,2$ soit 0,2 × 60 minutes c'est-à-dire 12 minutes.

Elles auront alors parcouru 6,4 km (32 × 0,2) .

bilan 7 p. 92

1 **1.** A et C. **2.** B. **3.** A, B et C. **4.** A. **5.** B et C. **6.** A et B.

2 **1.** a.

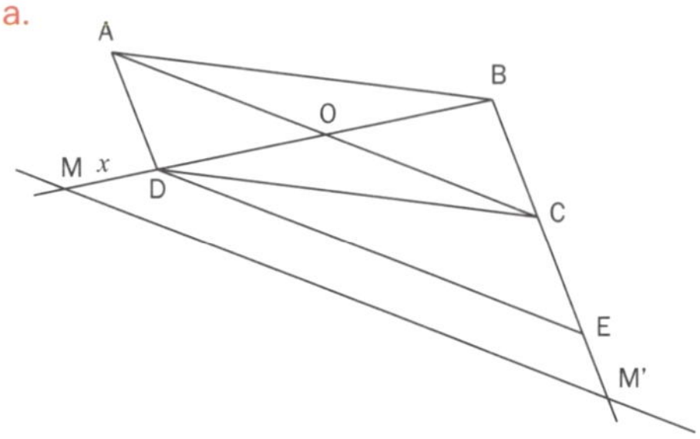

b. Par hypothèse, O est le centre du parallélogramme ABCD, donc O est le milieu de [BD]. De plus E est le symétrique de B par rapport à C, donc C est le milieu de [BE].

Dans le triangle BDE, la droite (OC) passe par les milieux des côtés [BD] et [BE], donc elle est parallèle au côté [DE]. Par conséquent (OC) est parallèle à (DE).

c. O est le centre du parallélogramme ABCD donc O est le milieu de [AC] et $OC = \frac{AC}{2} = \frac{8}{2} = 4$.

Le segment [OC] joint les milieux des côtés [BD] et [BE] du triangle BDE, donc $OC = \frac{DE}{2}$,

d'où DE = 2 × OC = 2 × 4 = 8.

2. a. Par hypothèse, $x = 2$, donc BM = 6 + 2 = 8.

Dans le triangle BMM', D ∈ [MB], E ∈ [BM']

et [DE] // [MM'], donc on peut écrire :

$\frac{BD}{BM} = \frac{BE}{BM'} = \frac{DE}{MM'}$, en particulier $\frac{BD}{BM} = \frac{DE}{MM'}$ (1).

$\frac{6}{8} = \frac{8}{MM'}$

$MM' = \frac{64}{6} = \frac{32}{3}$ donc $MM' = \frac{32}{3}$ cm.

b. Si MM' = 10, l'égalité (1) nous permet d'écrire :

$\frac{6}{BM} = \frac{8}{10}$ donc 8 × BM = 6 × 10

BM = 7,5 donc DM = 1,5 cm.

bilan 6 p. 91

1 **1.** C. **2.** B. **3.** C. **4.** A, B et C. **5.** B. **6.** B.

2 **1.**

Poids des bagages : P	0 ⩽ P < 10	10 ⩽ P < 20	20 ⩽ P < 30	30 ⩽ P < 40	40 ⩽ P < 50	50 ⩽ P < 60
Effectifs	6	17	12	5	6	4
Centre de classes	5	15	25	35	45	55
	30	255	300	175	270	220

2. Poids moyen = 25 kg. **3.** Les passagers concernés sont ceux des trois dernières classes : 5 + 6 + 4 = 15. 15 Passagers doivent payer le supplément.

bilan 8 p. 93

› **1** **1.** A. **2.** B. **3.** C. **4.** A, B et C. **5.** B et C. **6.** A, B et C. **7.** B et C. **8.** B.

› **2** **1.**

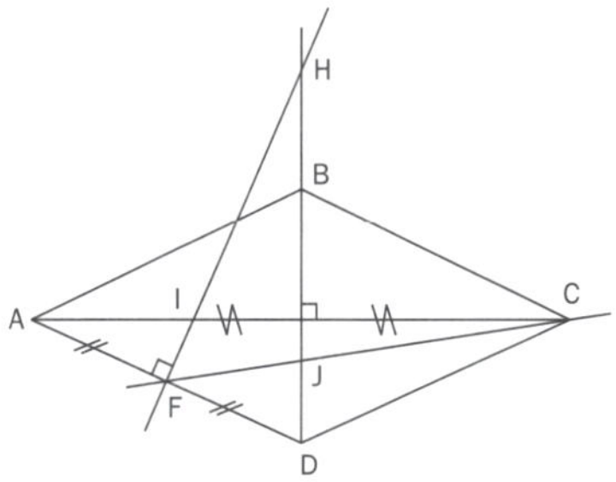

2. Le point de concours des médiatrices.
Par hypothèse, (HF) est la médiatrice de [AD]. De plus, dans le losange ABCD, la diagonale (BD) est un axe de symétrie donc c'est la médiatrice de [AC]. H étant le point de concours de deux médiatrices du triangle ADC, c'est, par conséquent, le point de concours des trois médiatrices.
3. Le point de concours des médianes.
Les médiatrices des côtés [AD] et [AC] passent par les milieux de ces côtés. Les droites (CF) et (DB) qui passent par un sommet du triangle ADC et par le milieu du côté opposé sont des médianes. J étant le point de concours de deux médianes du triangle ADC, c'est, par conséquent, le point de concours des trois médianes.
4. Le point de concours des hauteurs.
(HI) est la médiatrice du segment [AD] donc (HI) est perpendiculaire au segment [AD]. (HD) est la médiatrice du segment [AC] donc (HD) est perpendiculaire au segment [AC] c'est-à-dire au segment [AI].
Dans le triangle HAD, (HI) est perpendiculaire au segment [AD] et (AI) est perpendiculaire au segment [HD]donc (HI) et (AI) sont deux hauteurs du triangle HDC. I étant le point de concours de deux hauteurs du triangle AHD, c'est, par conséquent, le point de concours des trois hauteurs.

bilan 9 p. 94

› **1** **1.** A et B. **2.** A. **3.** B et C. **4.** B. **5.** B. **6.** B et C.

› **2** **1.**

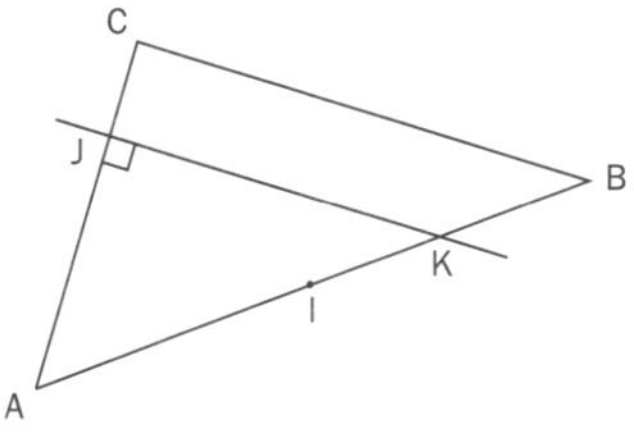

Hypothèses :
AB = 80, AC = 48, BC = 64
I milieu de [AB]
AJ = 35
(JK) $\perp$ (AC)
et K $\in$ [AB]

$AC^2 + CB^2 = 48^2 + 64^2 = 6\,400$
et $AB^2 = 80^2 = 6\,400$.
D'après ce qui précède $AC^2 + CB^2 = AB^2$, donc, d'après la réciproque de la propriété de Pythagore, le triangle ABC est rectangle en C.
2. Le triangle ABC est rectangle en C, donc le milieu I de son hypoténuse est le centre de son cercle circonscrit. Par conséquent, le cercle de centre I qui passe par A est le cercle circonscrit à ce triangle, donc il passe aussi par les points B et C.
3. Le triangle ABC est rectangle en C donc

$\cos \widehat{CAB} = \dfrac{AC}{AB}$, CA = 48 et AB = 80

$\cos \widehat{CAB} = \dfrac{48}{80} = 0{,}6$ donc $\widehat{CAB} \approx 53°$.

4. Le triangle AJK est rectangle en J.
Par conséquent $\cos \widehat{JAK} = \dfrac{AJ}{AK}$.
Or J est un point de [AC] et K un point de [AB], donc
$\widehat{JAK} = \widehat{CAB}$, d'où $\cos \widehat{JAK} = \cos \widehat{CAB} = 0{,}6$.
De plus AJ = 35, donc $0{,}6 = \dfrac{35}{AK}$
$AK = \dfrac{35}{0{,}6} \approx 58$, soit AK ≈ 58 mm.

bilan 10 p. 95

› **1** **1.** C. **2.** C. **3.** A et C. **4.** B. **5.** B et C. **6.** B et C.

› **2** **1.** Calcul de la génératrice du cône, c'est-à-dire SA :

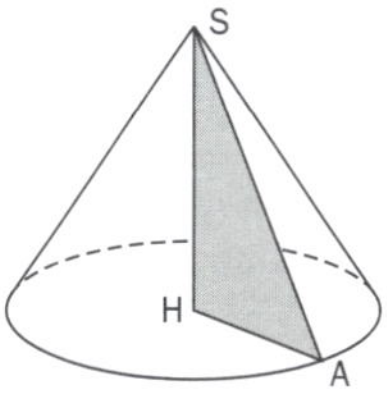

SAH est un triangle rectangle en H donc le théorème de Pythagore permet d'écrire l'égalité :
$SA^2 = AH^2 + SH^2$.
$SA^2 = 1{,}5^2 + 4^2$
$SA^2 = 2{,}25 + 16$
$SA^2 = 18{,}25$
donc $SA = \sqrt{18{,}25} \approx 4{,}3$.
La génératrice [SA] mesure environ 4,3 cm.
2. $V = \dfrac{1}{3} \times \pi \times R^2 \times h = \dfrac{1}{3} \times \pi \times 1{,}5^2 \times 4 \approx 9{,}42$.
Le volume est d'environ 9,42 cm^3.
3. Volume du pavé : $V_P = 3 \times 3 \times 8 = 72$, soit 72 cm^3.
Volume de l'objet : $V_O \approx 72 - 2 \times 9{,}42 \approx 53{,}16$, soit environ 53,16 cm^3.
Masse de l'objet : $M_O = 3{,}35 \times 53{,}16 \approx 178{,}08$, soit environ 178 g.

Les numéros indiqués pour toutes les notions clés du programme renvoient aux séquences.

A

Aire latérale 34, 35
Approximation (nombre) . . . 3
Arrondi 3

B

Base 34, 35, 36
Bissectrice (triangle) 26

C

Cercle circonscrit 25
Coefficient (proportionnalité) 16
Cône (révolution) 36
Cylindre (révolution) 34
Cosinus (angle aigu) 31

D

Démonstration 22
Développement 12, 13
Diagrammes 19
Différence (fractions) 4
Différence (relatifs) 1
Distance d'un point à une droite 32
Distributivité 12
Droite des milieux 23
Droites remarquables (triangle) 25, 26, 27

E

Écriture décimale 3
Écriture fractionnaire 3
Écriture scientifique 10
Effectif cumulé 20
Égalité de deux quotients . . 8
Équation 8, 14
Expression littérale 6

F

Fréquence cumulée 20

G

Génératrice (cône) 36

H

Hauteur (cône) 36
Hauteur (pyramide) 35
Hauteur (triangle) 26
Histogramme 19

I

Image (translation) 33
Inégalité 15
Inverse (nombre) 2

M

Médiane (triangle) 27
Médiatrice 25
Moyenne 21

O

Opération (puissances) . . 11
Opposé (nombre) 1
Ordre de grandeur 10
Ordre 15

P

Parallèle et milieu 23
Parallèle et triangle 24
Patron (solides) . . 34, 35, 36
Point de concours (triangle) 25, 26, 27
Pourcentage 17
Priorité opératoire 2, 11
Produit (fractions) 5
Produit (relatifs) 2
Proportionnalité 16, 17
Puissance d'un nombre . . 11
Puissance de 10 . . . . . 9, 10
Pyramide 35
Pythagore (théorème) 29
Pythagore (réciproque) . . . 30

Q

Quatrième proportionnelle .17
Quotient (fractions) 5
Quotient (relatifs) 2

R

Réduction (termes semblables) 12

S

Simplification (fractions) . . 3
Somme (fractions) 4
Somme (relatifs) 1
Sommet (solides) 35, 36
Statistiques 19, 20
Suppression (parenthèses) 13

T

Tableau (classes) 19
Tableau (proportionnalité) 16
Tangente 32
Translation 33
Triangle rectangle et cercle circonscrit 28

U

Unités (vitesse) 18
Unités (volume) 37

V

Valeur approchée 3
Vitesse moyenne 18
Volume (formules) 37

Dépôt légal n° 29212 Octobre 2003
Imprimé en France par MAME Imprimeurs à Tours (n° 03092065)